MÉMOIRE
SUR
LES MARRONS D'INDE.

Dans lequel on expose les Moyens d'en tirer de la Farine propre à faire du Pain salubre, et une nourriture agréable pour l'Homme et pour les animaux domestiques ; ainsi que plusieurs Procédés pour faire, avec l'Amidon de ce Fruit, une bonne Poudre à poudrer.

Lu a l'Institut National le 21 Pluviôse, An V.

Par A. BAUMÉ, *Membre du Collége de Pharmacie de Paris ; Démonstrateur de Chimie ; de l'Institut National des Sciences et des Arts, etc.*

A PARIS,

Au Magasin de Librairie, rue S. Hyacinthe, N°. 683.

M. DCC. LXXXXVII. An V. de la Rép. Franç.

AVIS DE L'ÉDITEUR.

Ce Mémoire fait partie de la huitième Édition des *Éléments de Pharmacie* *. L'intérêt que sa lecture a inspiré, les ressources incalculables que cette découverte offre, ne fût-ce que pour la nourriture des animaux domestiques dans les temps de disette, le désir enfin de satisfaire aux demandes particulières, nous ont déterminés à en donner cette Édition séparée, en faveur surtout des cultivateurs et habitans des campagnes, qui pourroient ne pas vouloir acheter le corps entier de l'ouvrage sur la Pharmacie. On regrettoit depuis long-temps que le fruit d'un aussi bel arbre que le Marronnier d'Inde, demeurât sans utilité. On verra, dans ce Mémoire, de quelle manière l'Auteur, par des expériences et des procédés aussi savans que précis, est parvenu à obtenir des résultats extrêmement simples, qui mettent à la portée des gens les moins instruits, le moyen de tirer, du Marron d'Inde, une farine salubre et agréable pour la nourriture de l'homme et des animaux. Cette découverte avoit été plusieurs fois tentée sans succès depuis un siècle, et notamment par BON, de la Société de Montpellier. L'Auteur développe les causes de l'inutilité de ces tentatives. On trouve de plus, dans ce Mémoire, plusieurs procédés pour faire, avec l'amidon du Marron d'Inde, une excellente Poudre à poudrer, ce à quoi l'on n'étoit point encore parvenu. C'est une acquisition de plus, dont, à la suite de tant d'autres, les Arts et la Société seront redevables aux recherches infatigables de l'Auteur de ce Mémoire.

---

* Cette huitième Edition, 2 vol. *in*-8°., *Paris 1797, an V. de la Répub. Franç.*, se trouve au même Magasin de Librairie. Il existe des contrefactions de cet Ouvrage, de divers formats. Les principaux signes caractéristiques de l'Edition Originale sont, 1°. Le format *in*-8°.; 2°. le chiffre gravé de l'Editeur, GUILLON D'ASSAS, aux frontispices de l'Ouvrage; 3°. la signature manuscrite du même Éditeur, au bas de l'avis placé au *verso* du frontispice du tome Ier. Les hommes honnêtes, les amis de l'humanité sentiront la nécessité de cet Avis.

TABLE

Des Articles contenus dans ce Mémoire.

Paris, au jardin de Soubise, et le second au jardin des Plantes, en 1656, et il est mort en 1767, au rapport de Parmentier, dans son excellent Ouvrage sur les végétaux nourrissants.

Jusqu'à présent cet arbre n'a eu d'utilité que celle de former l'agrément des jardins par le couvert qu'il procure; il est parfaitement acclimaté en Europe; il croît assez vîte, et résiste très-bien au froid de nos hivers; son bois est tendre, il n'est guère employé que par le Layetier et le Sculpteur; il est assez bon pour le chauffage, quoiqu'inférieur aux bois durs de France. Quelques Auteurs ont cherché à reconnoître à l'écorce de cet arbre, une vertu fébrifuge capable de remplacer le quinquina; mais il paroît, d'après les observations de Zulatti, rapportées dans le journal de Paris, 26 décembre 1784, que ce remède a produit beaucoup de mal, et fort peu de bons effets, ce qui l'a fait proscrire de l'usage de la médecine. Ses feuilles, très-abondantes, présentent plus d'utilité par le terreau qu'elles forment; elles peuvent, après un certain nombre d'années, bonifier de mauvais terreins et les rendre cultivables.

Le fruit de cet arbre doit singulièrement fixer notre attention ; il est très-farineux. En lui enlevant son amertume, il peut être employé à la nourriture de l'homme et à celle des animaux ; il est fort abondant ; il ne diffère de la châtaigne que par son amertume ; il fournit plus de substance nutritive, à poids égaux, que la pomme-de-terre. Le pain que j'ai fait avec la farine de ce fruit, diffère peu de celui de froment. Si sa préparation, quoique très-simple et facile, l'a fait rejeter dans les années d'abondance, parce qu'elle est un peu plus embarrassante que la simple mouture des grains, il est du moins bien important de connoître les procédés par lesquels on lui enlève radicalement son amertume, et on la rend propre à en faire une nourriture salubre, toutes les fois que la nécessité obligera d'y avoir recours. Il y a, en France, des cantons dont les habitants font à peine usage de froment et de seigle ; leur nourriture habituelle est en orge, en blé noir, en maïs, en vesce, en châtaigne, dont les récoltes, ainsi que celle du blé, sont sujettes à manquer. Le marronnier vient par-tout, on le cultivera dans des terreins où rien ne peut venir : lorsqu'on connoîtra les moyens de faire de son fruit une nourriture plus agréable et plus salubre que les grains dont je viens de parler, on le mettra en concurrence. Au reste, nous croyons qu'il est important de faire connoître les différents végétaux qui peuvent multiplier les moyens de satisfaire les besoins pressants de la faim, et d'indiquer les procédés pour rendre bons et salubres ceux riches en substances nutritives, mais qui ont besoin de quelques préparations avant de pouvoir être employés en aliment.

La substance des marrons, privée d'amertume, comme je l'indiquerai, fait encore une nourriture excellente pour tous les animaux domestiques, sous toutes les formes, en pain, en pâtée, ou seulement mouillée comme on le fait à l'égard du son; la volaille la mange avec beaucoup d'avidité, même lorsque cette substance n'a pas entièrement perdu son amertume : il en est de même des autres animaux, comme chiens, chats, etc. à qui j'en ai donné sous forme de pâtée, ce qui est un avantage précieux. Si par hasard on manque en partie la préparation, quoique cela soit impossible avec les détails que je donnerai, on a du moins la ressource certaine de l'employer utilement; le tems et les peines ne sont pas perdus tout-à-fait.

Depuis qu'on cultive le marronnier d'Inde, on voyoit avec regret ce fruit se perdre tous les ans : à peine a-t-on été informé de ma découverte, qu'on a tâché d'insinuer qu'elle étoit inutile, sous prétexte que beaucoup d'animaux mangent ce fruit en nature ; cela est vrai, les cochons, les vaches, les ânes, etc. en mangent un peu, mais ne s'en nourrissent pas; ils préfèrent leur nourriture ordinaire : il est vraisemblable que si on ne leur donnoit que ce fruit, ils ne tarderoient pas à s'en dégoûter. Si les marrons d'Inde pouvoient être leur nourriture habituelle, on n'en laisseroit pas perdre tous les ans une quantité aussi immense ; ceux des maisons de campagne seroient vendus au lieu d'être mêlés avec le fumier. L'an troisième, j'en ai fait ramasser, dans les mois de frimaire et nivôse, dans des lieux très-accessibles à tout le monde, où j'aurois pu m'en procurer des tombereaux. Si les animaux en étoient si friands, il est présumable qu'on ne les auroit pas laissé perdre, puisqu'on avoit de la peine à trouver de quoi les faire subsister.

Cependant il est à croire qu'on espéroit quelques avantages de cette découverte, puisque, dans différents temps, beaucoup de personnes ont cherché, mais inutilement, les moyens d'ôter l'amertume à ce fruit: plusieurs chimistes modernes s'en occupoient avec aussi peu de succès. N'ayant pu ôter l'amertume à ce fruit, on a tâché d'en faire de la poudre à poudrer sans plus de succès, parce que l'amidon est gras, et ne forme pas une poudre légère et voltigeante. On a recommandé aussi d'en faire de la colle pour les arts : il en est résulté un grand inconvénient; la farine contient une matière animale, qui attire les vers : les relieurs qui l'ont employée, ont vu leur reliûre devenir la pâture de ces insectes en fort peu de temps.

Le mauvais succès a empêché sans doute de publier les tentatives faites pour enlever l'amertume à ce fruit; du moins on connoît peu d'expériences et de mémoires détaillés sur cet objet. *Bon*, de la société de Montpellier, paroît être le premier qui ait publié un procédé, qui ne réussit pas, au moyen duquel on fait, dit-il, avec ce fruit une excellente nourriture pour engraisser la volaille ; son procédé est inséré dans le volume de l'académie des Sciences, année 1720, page 146. L'auteur compare l'amertume de ce fruit à celle des olives ; il fait subir aux marrons d'Inde les mêmes opérations qu'aux olives qu'on veut adoucir, parce qu'il a observé que les marrons écrasés et lavés dans beaucoup d'eau ne perdoient pas leur amertume. *Bon* ne détaille qu'une expérience. Je vais la rapporter, autant pour en faire connoître l'inutilité, que pour faire voir que toutes les tentatives faites sur ce fruit ont été infructueuses, faute d'avoir observé sa nature lisse et compacte, qui ne permet à aucun liquide de le pénétrer.

Procédé de Bon, pour enlever l'amertume aux Marrons d'Inde.

Il fait d'abord une lessive alkaline caustique, avec une partie de chaux vive, et trois parties de cendres ordinaires, et suffisante quantité d'eau ; il fait tremper pendant quarante-huit heures, dans cette lessive, des marrons pelés et seulement coupés par quartiers : ils se teignent d'une couleur jaunâtre, ainsi que la liqueur : au bout de ce temps, il les ôte de la lessive, et les fait tremper dans de l'eau pendant dix jours, en changeant l'eau toutes les vingt-quatre heures ; après cela, dit-il, les marrons deviennent blancs et sans amertume.

J'ai répété le procédé de *Bon* tel qu'il l'indique ; je l'ai varié, en le répétant sur des marrons réduits en pâte, et sur des marrons secs bien concassés, avec tout aussi peu de succès. L'alkali fixe ordinaire, l'alkali caustique, développent sur-le-champ une belle couleur orangée très-foncée; les marrons conservent une partie de cette couleur, et ne deviennent jamais blancs; ceux pilés et employés en pâte, ainsi que ceux concassés, retiennent une légère couleur citrine, conservent beaucoup d'amertume, et l'esprit-de-vin en tire une teinture amère. Au reste, nous verrons bientôt que sans aucune matière saline, on enlève aux marrons d'Inde toute leur amertume, par le simple lavage dans l'eau; mais c'est lorsqu'ils ont été suffisamment divisés.

Le marron d'Inde fait partie de la collection

lection des végétaux nourrissants que Parmentier a examinés : cet habile Chimiste fait mention de la ténacité de l'amertume au parenchyme de ce fruit ; il dit même que la difficulté de la lui enlever, a fait croire à beaucoup de personnes que cela étoit impossible ; il observe en même temps, page 181, *qu'il est certain qu'on peut tirer du marron d'Inde la partie farineuse qu'il renferme, en former une nourriture saine, sans amertume, et analogue à certains pains*. Il indique, à la page 218, qu'on peut tirer de l'amidon de ce fruit, par le même procédé qu'il a donné pour obtenir celui de la pomme-de-terre. J'ai reconnu que ce moyen de division est insuffisant pour tirer tout l'amidon, et pour enlever toute l'amertume au parenchyme ; ce dernier est nutritif, et il est à peu-près égal en poids à celui de l'amidon pur. Aussi ces premières connoissances, toutes précieuses qu'elles sont, restent encore sans utilité, faute d'avoir examiné suffisamment la nature du marron d'Inde, celle des substances étrangères à la matière farineuse, et les moments où ces différentes substances se séparent.

Nature du Marron d'Inde.

Le marron d'Inde, séparé de son écorce, coupé récent, présente un corps plein, lisse comme du verre et du crin ; il ne se laisse point pénétrer, ni par l'eau, ni par la plûpart des agents chimiques ; les parties mal divisées, grosses seulement comme la vingtième partie d'un grain de blé, ne sont point pénétrées, après un long séjour dans l'eau, ni dans l'esprit-de-vin, ni dans l'alkali fixe ; elles conservent presque toute leur amertume. C'est faute d'avoir fait cette observation, qu'on n'est point parvenu à enlever l'amertume au parenchyme de ce fruit. Nous verrons que lorsqu'il est divisé suffisamment, l'eau seule en vient à bout dans vingt-quatre heures.

Il semble que la nature ait pris plaisir à réunir dans ce fruit des substances directement opposées par leur saveur et leurs propriétés. Il contient d'abord une matière sucrée très-abondante, et une substance extractive d'une amertume insupportable, ensuite une très-petite quantité d'huile douce, sans odeur particulière, qui se manifeste de deux manières différentes, et qui devient rance presqu'en même-temps qu'elle se sépare de la matière farineuse : de plus, une gomme-résine fort abondante, singulière par sa nature, différente de toutes celles qu'on connoît ; ce qui tient lieu de gomme dans cette substance, est une matière animale de même nature que la matière glutineuse de la farine de froment, excepté qu'elle n'est point élastique ; celle-ci est très-friable, la partie résineuse est une résine ordinaire ; elle est d'une couleur jaune, plus belle que la gomme-gutte : enfin, l'amidon et le parenchyme pulpeux.

Telles sont les différentes substances que j'ai séparées du marron d'Inde : ce sont les deux dernières qu'il faut se procurer absolument sans mélange des autres, sur-tout de la partie extractive ; elle est d'une telle amertume, qu'elle communique cette qualité au pain, s'il en reste seulement un demi-grain par once de farine. Il n'en est pas de même de la matière animale, elle ne donne aucun mauvais goût au pain ; elle se sépare mieux que la substance amère pendant le lavage, quoiqu'il en reste une certaine quantité dans la farine bien préparée. Mes expériences m'ont conduit à découvrir trois procédés pour préparer la farine de marrons d'Inde, dont deux sont simples, d'une exécution facile, et à la portée des personnes les moins habituées aux manipulations de ce genre. Le troisième, est purement chimique ; je ne l'offre pas non plus comme un procédé à suivre, mais il m'a été fort utile pour connoître la nature des substances contenues dans le marron, il est bon de le consigner ici.

Le marron d'Inde contient donc cinq sortes de substances différentes que je viens de désigner. Je distribuerai ce Mémoire en autant d'articles, afin de mieux faire connoître la nature et l'ordre dans lequel ces produits se présentent. Les deux procédés qu'on peut suivre pour se procurer facilement la meilleure farine possible de ce fruit, ne diffèrent l'un de l'autre, qu'en ce que par le premier on emploie les marrons frais ou récents, et par le second on en fait usage après les avoir fait sécher entièrement pour pouvoir les conserver autant qu'on veut. Je préviens encore que par l'un et par l'autre procédé, je ne fais point la séparation de l'amidon d'avec le parenchyme pulpeux, parce qu'elle m'a paru inutile, et qu'il y auroit trop de substance nutritive à perdre ; je me servirai toujours du mot *farine*, pour exprimer collectivement le mélange de ces deux substances. Si les circonstances me l'eussent permis, j'aurois recommencé plusieurs des expériences pour indiquer avec précision le poids de chacun des produits par chaque livre de marrons d'Inde ; je n'ai employé cette exactitude que pour la farine qui étoit mon objet. Avant d'entrer en matière, il convient de dire un mot sur les marrons, sur leur choix, sur la manière de les conserver, etc.

Choix, récolte, et conservation des Marrons d'Inde.

Les marrons d'Inde parviennent à leur maturité vers la fin de Septembre ; il ne sont pas mûrs tous ensemble, on peut les ramasser à mesure qu'ils tombent. Beaucoup de marrons vieux, tombés et mouillés à terre sous les feuilles, éprouvent une altération qui fait exuder au travers de l'écorce de la gomme-résine amère semblable à de la glue, et qui s'attache de même aux mains; elle est de la nature de celle qu'on voit au printemps se détacher des bourgeons de l'arbre, au moment où les feuilles sont prêtes à se développer. On doit rejeter ces marrons, la chair est déjà altérée d'une manière sensible, quoiqu'elle soit quelquefois bien blanche; ils ne fournissent qu'une farine bise, qui prend des couleurs rougeâtre et purpurine pendant la préparation, et qui se réunit avec la plus grande facilité. On doit rejeter également ceux qui sont viciés d'une manière quelconque.

Lorsque les marrons sont parvenus à leur maturité, il seroit difficile d'employer de suite tous ceux qu'on pourroit ramasser; il convient de les mettre à mesure dans un endroit sec et chaud, afin qu'ils éprouvent un certain degré de dessiccation: cela est absolument nécessaire, tant pour les conserver, que pour pouvoir les écorcer plus facilement, comme nous le dirons. On peut les étendre sur le plancher d'un grenier bien aéré, où le soleil peut avoir accès, et les remuer de temps en temps, ôter avec soin ceux qui se moisissent, parce qu'ils en font gâter d'autres. Mais si l'on en ramassoit beaucoup, on conçoit l'utilité de multiplier les surfaces du local. Dans ce cas, on fait construire un grand tabarinage en tringles de bois, comme ceux qui servent à faire éclore des vers à soie, mais sans tablettes; on espace ces tringles à environ huit à neuf pouces, les unes au-dessus des autres; elles servent à supporter, par les deux bouts, des clisses d'osiers à rebords et à claire-voies, dans lesquelles on met les marrons qu'on veut faire sécher et conserver. On observe de n'en mettre qu'une petite épaisseur dans chaque clisse; par ce moyen on multiplie beaucoup la surface du local, on accélère la dessication, et on prévient la moisissure des marrons, ce à quoi ils sont fort sujets.

Il faut avoir fait l'amas des marrons avant les pluies de l'arrière-saison; passé ce temps, ceux qui séjournent sur la terre humide et couverte de feuilles mouillées, crêvent de plétore, germent, se moisissent et se pourrissent promptement. Lorsqu'ils ont contracté quelqu'altération, même insensible, par ces moyens, la farine n'est jamais bien blanche, et elle est sujette à devenir rance. Il est même nécessaire, lorsque les marrons sont emmagasinés, de leur faire perdre promptement leur première humidité, soit au soleil, soit à un courant d'air sec : si le temps devenoit trop humide, il convient de placer un poële dans le local afin d'accélérer leur dessiccation : d'ailleurs, il faut qu'ils soient à demi-secs pour enlever leur écorce plus facilement. On peut employer utilement le dessus d'un four de boulanger, et non l'intérieur ; du moins si l'on en fait usage, ce ne peut être qu'après vingt-quatre heures qu'on a tiré le pain, sans quoi les marrons cuiroient, et ne seroient bons à rien ; ce fruit humide se cuit à une chaleur très-douce.

Séparation de l'écorce du Marron d'Inde.

Le marron d'Inde, séparé de son brou, présente une écorce mince, lisse, dont la couleur a servi à désigner celle des autres substances pareilles : sous cette écorce, est une pellicule plus mince, rougeâtre ; et enfin l'amande ou le fruit divisé en deux lobes, au centre desquels paroît un germe qui doit servir à la reproduction.

Il est indispensablement nécessaire d'enlever

lever la première écorce aux marrons : quant à la seconde, elle se sépare en grande partie d'elle-même d'avec la première ; ce qui peut en rester ne nuit en rien à la blancheur de la farine ; il est inutile de s'assujettir à l'ôter, quoique cela soit facile : nous donnerons un moyen simple de le faire promptement, lorsque nous parlerons de l'emploi des marrons. On conçoit que dans une grande manutention, ce seroit une main-d'œuvre impraticable, s'il falloit écorcer les marrons un à un avec la pointe d'un couteau, sur-tout dans l'état de fraîcheur où le marron est plein et l'écorce adhérente. Mais lorsque les marrons sont à demi-séchés, l'amande a pris beaucoup de retraite et non l'écorce, ce qui rend la séparation facile. Pour y parvenir, on se met sur une grosse table de cuisine ; on prend d'une main une poignée de marrons, de l'autre un petit marteau de bois ou de fer ; on pose sur la table les marrons un à un, et au moyen d'un petit coup de marteau, on casse l'écorce, l'amande se détache ; un enfant, placé à côté du casseur, sépare à mesure l'écorce d'avec le fruit ; si quelque portion reste adhérente, il la détache avec la pointe d'un couteau (pour l'ordinaire elle se détache aisément) : il coupe le germe qui est entrelacé dans l'écorce , laquelle est plus dure et plus épaisse dans cette partie ; par ces moyens simples, des enfans peuvent être employés à ce travail, comme ils le sont à casser les noix desquelles on veut tirer l'huile , l'opération n'est pas plus longue ni plus difficile.

De tous les moyens que j'ai tentés, je n'en ai pas trouvé de meilleur et de plus expéditif : j'ai essayé d'écraser légèrement les marrons récents dans un mortier de marbre , et de les faire sécher ensuite dans l'espérance que l'écorce se détacheroit et se sépareroit par le vannage ; mais l'écorce suit le mouvement de retraite que prend l'amande et devient plus adhérente. J'ai aussi éprouvé si une légère torréfaction des marrons dans une poêle percée et non percée ne rempliroit pas mon objet ; le peu de chaleur employée a suffi pour cuire en partie les marrons dans les deux cas.

Les marrons d'Inde écorcés, comme nous venons de le dire , sont en état d'être employés à faire de la farine ; il est nécessaire de ne pas différer plus de huit à dix jours , parce qu'ils contiennent beaucoup d'humidité, et qu'ils se conservent moins bien dans cet état, que lorsqu'ils sont enveloppés dans leurs écorces. Si les circonstances ne permettent pas de les employer sur le champ, il convient de les faire sécher entièrement, soit dans une étuve, soit sur le four d'un boulanger, et jamais dans l'intérieur, à moins que ce ne soit après vingt-quatre heures au moins qu'on a tiré le pain, et que la chaleur soit devenue bien douce. Alors on les réduit en poudre fine, comme nous le dirons par la suite. Lorsque les marrons sont bien séchés avec leur écorce, ou mondés de cette écorce, ils peuvent être conservés d'une année à l'autre et même plus long-temps; onles tiendra proprement dans des sacs à blé, ou dans des tonneaux, ou dans des boîtes, à l'abri des insectes, des rats, des souris, de la poussière, etc. Ces animaux les mangent. Cependant le peu d'expérience que j'ai encore sur cette matière me fait présumer qu'on obtiendra une farine plus blanche des marrons qui n'auront pas été séchés complettement, que des autres.

Voici les résultats qu'il convient d'avoir sous les yeux.

100 livres de marrons récents, fournissent 15 livres 10 onces d'écorces; ces 84 livres 6 onces de fruit récent se réduisent à 54 livres 9 onces 5 gros par la dessiccation : on en retire 29 à 30 livres de farine.

Un boisseau de marrons récents avec leurs écorces pese 18 livres.

Dans un article à la fin de ce Mémoire nous dirons le parti qu'on peut tirer des écorces.

PREMIER PROCÉDÉ.

Farine de Marrons-d'Inde préparée avec de l'esprit-de-vin, matière sucrée séparée de ce Fruit, Gomme-résine.

On prend six livres de marrons d'Inde écorcés, comme nous venons de le dire, et qui sont par conséquent à moitié secs; on les met tremper dans l'eau pendant vingt-quatre heures pour les faire renfler et revenir à peu-près à leur état d'humidité naturelle : pendant cette infusion, il se dissout une petite quantité de matière extractive qui communique à l'eau une couleur rousse et une saveur amère très-considérable. Si l'on veut séparer l'écorce fine rougeâtre qui peut leur être restée, c'est le moment d'y parvenir commodément. On met à cet effet ces marrons dans un torchon de toile neuve tenu par deux personnes, comme si l'on vouloit les exprimer. On les fait aller et venir d'un bout à l'autre du linge par des mouvements brusques; le frottement qu'ils éprouvent entr'eux et contre le linge détache cette écorce; mais, comme nous l'avons déjà dit, elle n'altère pas la blancheur de la farine : les marrons ainsi trempés sont augmentés environ d'une livre; cette augmentation est très-indifférente et très-variable.

Alors on les pile dans un mortier de marbre avec un pilon de bois pour les réduire en pâte, et de suite on les broye sur une pierre dure avec un rouleau de bois, de même qu'on broye le Cacao pour en faire du chocolat; avec cette différence que ce broyement se fait à froid. Lorsqu'ils sont suffisamment broyés, on les met à mesure dans un grand bocal de verre, dans lequel on a mis dix livres d'esprit-de-vin à trente degrés; il devient promptement d'une couleur jaune-orangée très-foncée : on fait cette infusion à froid, mais on l'expose au soleil ou dans un lieu un peu chaud; on a soin d'agiter le mélange plusieurs fois dans la journée. Au bout de vingt-quatre heures, on le coule au travers d'un linge en exprimant fortement.

On remet la farine dans le bocal avec dix livres de nouvel esprit-de-vin, et on laisse infuser de même pendant vingt-quatre heures : l'esprit-de-vin prend encore beaucoup de couleur; on le sépare comme la première fois : on réitère encore quatre infusions semblables dans dix livres d'esprit-de-vin chaque fois, ou jusqu'à ce que l'esprit-de-vin n'en tire plus aucune couleur. On remarque que l'esprit-de vin de la troisième et de la quatrième infusions est d'une couleur citrine; celui de la cinquième est d'une couleur de paille, et enfin celui de la sixième est sans couleur : pour peu qu'il en eût, il faudroit absolument augmenter le nombre des infusions, sans quoi la farine seroit amère.

Lorsqu'on coule la dernière infusion, il convient de passer de l'esprit-de-vin sur la farine dans le linge à plusieurs reprises, afin de la laver davantage. On met la farine à la presse pour tirer le plus possible d'esprit-de-vin : en cet état la farine pèse trois livres quinze onces ; elle retient une livre 6 onces d'esprit-de-vin.

On étend cette farine sur des clisses d'osier garnies de papier, et on la fait sécher à l'air ; on en trouve, après qu'elle est bien sèche, deux livres 9 onces : elle est bien blanche et sans la moindre amertume ; on la réduit en poudre ; on la passe au travers d'un tamis de soie.

Cette farine, au toucher, a le craquement ou le maniement de la poudre qu'on nomme purgée à l'esprit-de-vin : cet effet est dû à l'acide de l'esprit-de-vin ; elle perd cette propriété si on la lave dans de l'eau en dernier lieu : mais cela n'est pas nécessaire, ce craquement ne nuit en rien aux bonnes qualités du pain.

A mesure qu'on sépare l'esprit-de-vin des infusions, on le réunit dans une bouteille ; il contient la matière extractive, la résine et la matière sucrée ; nous en parlerons dans un instant.

REMARQUES.

Il est nécessaire de faire tremper les marrons dans de l'eau, avant de les piler et de les broyer, afin de les attendrir également; sans cela on ne parviendroit pas à les diviser suffisamment, la petite dessication qu'ils ont subie pour les écorcer, les a desséchés inégalement, les parties les plus sèches ont une dureté élastique qui ne cède ni au pilon ni au rouleau ; elles se divisent mal et ne perdent point toute leur amertume, même après avoir séjourné un mois dans l'esprit-de-vin : cependant c'est le menstrue le plus convenable à extraire, des marrons, ce qu'on veut leur enlever ; à plus forte raison cette grande division devient-elle encore plus nécessaire, lorsqu'on prépare cette farine avec de l'eau, qui a moins d'action que l'esprit-de-vin sur les substances résineuses. C'est faute d'avoir observé la nature lisse et compacte de ce fruit qui est comme du crin ou comme du verre, qui ne se laisse pénétrer par aucun liquide pour peu qu'il soit mal divisé, qu'on n'a pu jusqu'ici lui enlever entièrement son amertume. Elle est d'une telle intensité que s'il en reste seulement un demi-grain par once de farine, le pain n'est pas mangeable. Si les marrons sont divisés au point de passer par un tamis de crin moyennement gros, on est surpris

qu'après

qu'après un mois d'infusion, soit dans l'esprit-de-vin, soit dans l'eau, et en changeant le menstrue tous les jours, ils conservent encore beaucoup de leur amertume; enfin ils se gâtent plutôt par un long séjour dans l'eau, que de se dépouiller entièrement de cette substance amère. Je ne puis trop insister sur la très-grande nécessité de cette division extrême, sans laquelle il est impossible d'obtenir aucun succès.

Nous avons recommandé de piler d'abord les marrons dans un mortier de marbre; cette première division est utile, elle facilite considérablement le broyement sur la pierre : si sous le pilon ou sous le rouleau la pâte se trouvoit trop épaisse, on ajouteroit un peu d'eau. La pâte des marrons a l'avantage de s'attacher au rouleau comme la pâte de chocolat, ce qui donne plus de facilité à la division complette et uniforme; mais il faut absolument faire usage d'un rouleau de bois ou de pierre; ceux de fer sont attaqués par l'acide des marrons, et noircissent la pâte à un tel point, qu'elle n'est plus bonne à rien.

A mesure que les marrons sont broyés, on les met dans de l'esprit-de-vin. Ceux employés bien sains forment une pâte un peu plus blanche que la pâte d'amandes, et qui ne change pas de couleur à l'air dans l'espace de plusieurs heures ; mais les marrons ramassés dans l'arrière-saison sur la terre humide, couverts de feuilles mouillées, ont dans les préliminaires de leur préparation l'apparence d'être aussi bons ; ils forment, tant qu'ils sont agités par le pilon et par le rouleau, une pâte aussi blanche que les précédents ; mais pour peu que cette pâte reste à l'air sans mouvement, elle devient d'une couleur jaunâtre-rousse, comme les poires et les pommes rapées ; la farine n'en est jamais bien blanche, et elle se rancit fortement en peu de temps.

Les six infusions que nous avons prescrites pour enlever toute l'amertume aux marrons, employent à-peu-près soixante-dix livres d'esprit-de-vin ; il m'a paru qu'il n'en faut pas moins ni un moindre nombre d'infusions ; il passe un peu de farine au travers du linge, on la sépare par le repos, on décante l'esprit-de-vin, et on met la farine déposée sur un filtre, on passe un peu d'esprit-de-vin dessus pour la laver, on la réunit à la masse, ou encore mieux, on la met avec de l'esprit-de-vin dans un vase à part dans lequel on rassemble celle des expressions subséquentes, et on la réunit à la masse à la fin des opérations : comme elle est la plus divisée, elle perd plus facilement son amertume.

Nous avons dit que lorsque la farine est lavée, on la fait sécher à l'air libre ; dans cet état elle contient une livre six à huit onces d'esprit-de-vin, que l'expression ne peut point séparer ; il est perdu par conséquent : mais on peut ne le pas perdre si l'on veut; il faut alors faire sécher la farine au bain-marie dans un alambic, et pour y parvenir sans gâter ni cuire la farine, il faut d'abord être certain que l'esprit-de-vin employé n'est pas plus foible que 30 degrés à mon Aréomètre, sans quoi la farine se cuiroit par l'humidité ; elle seroit perdue. On dispose la farine sur plusieurs clayons d'osiers, ronds, garnis chacun d'une feuille de papier et à peu-près du diamètre du bain-marie de l'alambic ; on met d'abord dans le fond du bain-marie, deux morceaux de bois de trois ou quatre pouces d'épaisseur sur lesquels on pose le premier clayon, sur lequel on place deux petites tringles de bois, qui portent le second clayon, et ainsi de suite jusqu'à ce que le bain-marie soit plein jusqu'à la hauteur du chapiteau : au moyen de cette disposition, les clayons ont entr'eux un espace qui permet une dessication facile et prompte. Alors on procède à la distillation à l'ordinaire. Si l'on mettoit la farine immédiatement dans le vaisseau, elle recevroit trop de chaleur, elle deviendroit plus ou moins bise. Lorsque la farine n'a pas été dépouillée de son amertume, on observe à la partie supérieure de la farine, de chaque clayon, une légère efflorescence de résine jaune-orangée ; elle est fort amère.

La farine de marrons d'Inde préparée avec de l'esprit-de-vin, a le craquement, ou ce que l'on nomme le *maniement* de la poudre, comme la soie blanchie au soufre : cette propriété lui est donnée par l'acide de l'esprit-de-vin : elle ne prend cette qualité que lorsqu'elle est pure, ou du moins lorsqu'elle approche de beaucoup du degré parfait de de pureté ; aussi ce n'est pas toujours une preuve que la préparation soit parfaite. Ce maniement vient d'une légère portion d'acide de l'esprit-de-vin qui reste combiné ; c'est un acide végétal qui ne nuit en rien aux bonnes qualités de la farine : les acides minéraux donnent le même maniement à l'amidon ordinaire et à la soie.

La farine de marrons d'Inde préparée par le concours de l'esprit-de-vin , est débarrassée entièrement de la partie extractive amère et de toute la résine ; elle conserve un peu de la matière sucrée et beaucoup de la matière animale : tout le parenchyme du fruit reste et fait partie de la farine : c'est pour cette raison qu'on obtient plus de farine par ce procédé que par celui des lavages à l'eau. Cent livres de marrons récents mondés de leurs écorces , rendent quarante-deux livres cinq onces de très-bonne farine. Il est certain que, si ce procédé n'exigeoit pas une mise de fonds en esprit-de-vin , il mériteroit la préférence : on trouveroit des moyens de le recueillir sans beaucoup de perte , comme j'y suis parvenu dans l'opération du blanchîment des soies : la farine préparée de cette manière contient les mêmes substances que celle du blé, la matière sucrée et la matière animale s'y rencontrent dans les plus grandes proportions , quoique la très-grande partie de ces substances soit dissoute dans l'esprit-de-vin avec l'extrait amer. Nous verrons en son lieu que la farine de marrons préparée à l'eau ne retient pas autant de ces deux substances à beaucoup près.

La matière animale des marrons est absolument de même nature que la matière glutineuse de la farine de froment, mais elle n'est point élastique comme elle, elle est au contraire très-friable ; c'est pour cette raison qu'on ne peut séparer celle qui reste dans la farine par le même procédé, elle se délaye dans l'eau pêle-mêle avec la farine. Cette matière animale fait fonction de gomme-résine, la substance animale est plus abondante que la résine, l'esprit-de-vin n'en dissout qu'une partie, l'autre reste, et fait partie de la farine ; on ne peut plus la séparer. Si l'on met de cette farine sur des charbons ardents, elle répand une odeur mixte de matière végétale et de matière animale brûlées. Dans l'article suivant, nous parlerons des propriétés de cette gomme-résine animale.

L'esprit-de-vin, comme nous l'avons dit, dissout presque toute la matière sucrée des marrons : il en reste un peu dans la farine ; elle est dans un état particulier. J'ai mis six gros de cette farine préparée avec de l'esprit-de-vin, dans une fiole, avec quatre onces d'eau distillée ; j'ai fait dégourdir ce mélange à une chaleur bien douce pour éviter de faire de la colle ; l'eau est devenue d'une couleur d'opale, un peu jaunâtre, couleur de paille : j'ai filtré la liqueur, et l'ai fait évaporer au bain-marie jusqu'à siccité ; j'ai obtenu cinquante grains de matière fort ambrée, très-sucrée, ayant en outre un goût particulier, difficile à définir, mais qui a quelqu'analogie avec celui du jus de veau rôti. J'ai répété cette expérience sur une autre farine préparée de la même manière ; j'ai eu absolument les mêmes résultats. Ce qui me confirme que l'esprit-de-vin laisse constamment cette partie de matière sucrée dans la farine ; il est à croire cependant que si l'on employoit de l'esprit-de-vin moins fort, il resteroit moins de cette substance, puisque la farine préparée à l'eau n'en contient point du tout.

De l'esprit-de-vin qui a servi à préparer la farine de Marrons d'Inde.

J'AI réuni tout l'esprit-de-vin employé à la préparation de la farine de marrons d'Inde, et l'ai distillé au bain-marie : l'esprit-de-vin que j'ai obtenu, n'a contracté qu'une légère odeur étrangère sans pouvoir la définir ; sur la fin il a passé environ une pinte de flegme un peu laiteux et d'une odeur empyreumatique. Cette couleur prouve qu'une certaine quantité de l'huile des marrons est de la nature des huiles essentielles, puisqu'elle s'élève à la chaleur du bain-marie.

Il est resté au fond du vaisseau environ deux pintes et demie de liqueur aqueuse, de couleur de bierre rouge, bien transparente, n'ayant seulement que l'odeur de flegme d'eau-de-vie, surnagée par de grands flocons de gomme-résine opaque, de la consistance et de la couleur du miel jaune ordinaire, ou de la consistance de la térébenthine épaisse, et ne se délayant point dans la liqueur ; une partie étoit légèrement attachée aux parois du bain-marie.

J'ai filtré la liqueur, elle a passé très-claire en conservant sa couleur ; la gomme-résine est restée sur le filtre : je l'ai rassemblée et mise dans un bocal ; il s'en est trouvé dix gros trente-six grains. J'aurois pu en retirer davantage.

La

La liqueur filtrée est très-sucrée et d'une amertume insupportable, sans aucune astriction ; elle est sirupeuse : elle donnoit en cet état huit degrés et demi à mon pèse-liqueur des sels. L'alkali fixe ne change point la couleur de cette liqueur, il fait précipiter seulement quelques molécules de matière animale. Nous avons vu au commencement de ce Mémoire, que l'alkali fixe tire immédiatement du marron, une couleur orangée très-foncée; il paroît, d'après cette observation, que cette couleur est due à l'action de l'alkali sur la matière purement résineuse.

J'ai fait évaporer le reste de la liqueur filtrée jusqu'à la réduction d'environ trois poissons ; au commencement, elle a exhalé l'odeur de flegme d'eau-de-vie, ensuite une odeur de vieille manne, si forte, qu'elle en étoit insupportable. J'ai obtenu un extrait parfaitement transparent de la consistance de la mélasse ou de la térébenthine épaisse, pesant seize onces, d'une couleur de café clarifié. Cet extrait est très-sucré, mais d'une amertume insupportable.

De la Gomme-résine séparée des Marrons par le moyen de l'esprit-de-vin.

NOUS venons de dire comment cette gomme-résine a été recueillie : elle a la couleur du miel jaune et la consistance de la térébenthine ; elle est sucrée et amère ; elle se délaye dans l'eau comme les gommes-résines ordinaires, et forme un lait jaunâtre. L'alkali fixe développe une couleur orangée. Elle se dissout mal dans l'esprit-de-vin rectifié, et lui communique une belle couleur jaune, semblable à une dissolution d'or : l'eau précipite cette résine à l'ordinaire ; le mélange devient blanc et laiteux : ce qui reste de non dissous est la matière animale, elle devient blanchâtre : l'esprit-de-vin foible délaye cette gomme-résine comme l'eau ; ce dernier mélange est blanc-jaunâtre et opaque. Cette gomme-résine contenue dans un bocal ne s'est pas desséchée entièrement dans l'espace de quelques mois : dans ce nouvel état, elle présente les mêmes phénomènes avec l'eau, mais l'esprit-de-vin n'en tire la teinture d'or que très-difficilement, et dans un temps beaucoup plus long. Il résulte de ces expériences, que cette matière est bien véritablement une gomme-résine, et nous verrons que ce qui fait fonction de gomme dans cette substance, est une matière animale analogue à la matière glutineuse séparée de la farine de froment.

De la matière sucrée, amère, séparée des Marrons d'Inde par le moyen de l'esprit-de-vin.

Je n'ose prononcer sur l'état dans lequel se trouve la matière sucrée dans les marrons d'Inde; elle se manifeste avec abondance : les marrons d'Inde, récents ou en poudre, ont une saveur sucrée malgré la force de leur amertume : on sépare, par le moyen de l'eau pure, une matière mielleuse, sans amertume, de la farine des marrons d'Inde préparée avec de l'esprit-de-vin. L'extrait formé de ce fruit, par l'intermède de l'esprit-de-vin, quoiqu'il soit d'une amertume insupportable, a le goût de sucre et paroît en contenir avec abondance. On croiroit qu'il vaut la peine d'en être séparé; cependant, malgré ces apparences flatteuses, j'ai tenté inutilement de faire de l'esprit-de-vin avec cette matière sucrée fermentée : je ne présume pas que le défaut de succès provienne de ce que j'ai opéré sur de trop petites quantités, parce que la fermentation vineuse s'est manifestée dans mes expériences de la manière la mieux caractérisée; et cependant je n'ai pas obtenu un atôme d'eau-de-vie. La matière sucrée, dans ce fruit, y seroit-elle comme elle se trouve dans la réglisse, dans la beterave et dans beaucoup de végétaux, dans un tel état qu'elle ne forme point d'eau-de-vie par la fermentation ? Du moins, j'ignore si l'on a tiré de l'eau-de-vie de la réglisse, mais je puis assurer que les beteraves rouges, crues ou cuites, n'en fournissent point, quoiqu'on ait pensé pendant long-temps qu'on pouvoit en tirer, sur ce qu'elles fournissent du sucre, comme l'a démontré Margraff. Je vais rapporter les expériences que j'ai faites sur la matière sucrée des marrons d'Inde; peut-être d'autres seront-ils plus heureux que moi.

Fermentation de la matière sucrée séparée des Marrons d'Inde par le moyen de l'esprit-de-vin.

J'ai délayé, dans douze onces d'eau de rivière, quatre onces d'extrait sucré dont je viens de parler; j'ai ajouté à ce mélange une once de levure de bierre très-récente, délayée dans quatre onces d'eau, la température du local étant à 19 degrés au-dessus de la glace; une demi-heure après, le mélange a commencé à entrer en fermentation; elle a même été si forte, que dans la journée la mousse s'est élevée jusqu'à six pouces au-dessus de la liqueur; le lendemain, la fermentation étoit à-peu-près achevée; il s'est dégagé beaucoup d'air fixe qui éteint la lumière, il s'est formé un dépôt blanc de gomme-résine; au bout de trois jours la liqueur s'est éclaircie. Je l'ai mise en distillation au bain-marie dans un très-petit alambic. Ce qui a distillé étoit de l'eau légèrement acide, d'une odeur particulière non empyreumatique, mais commune à celle de l'eau distillée de beaucoup de plantes inodores, qui ont subi un peu de fermentation avant de les soumettre à la distillation. On pourroit soupçonner que cette odeur viendroit de la levure de bierre employée; mais des marrons mis à fermenter sans aucun levain, ont fourni par la distillation de l'eau absolument de même odeur et de même acidité : cette eau rougit beaucoup le papier bleu; elle tient en dissolution quelque petite quantité d'huile essentielle très-atténuée. Lorsqu'on mêle de cette eau avec de l'eau distillée, elle forme des stries, comme lorsqu'on mêle de l'eau avec de l'esprit-de-vin, mais sans que le mélange prenne aucune couleur blanche laiteuse.

Dans la crainte d'avoir distillé trop-tôt le produit de cette fermentation, j'ai recommencé cette expérience, et je n'ai soumis le résultat à la distillation, qu'un mois après que la fermentation a été achevée; j'ai eu absolument les mêmes résultats.

J'ai tenté si je ne serois pas plus heureux en faisant fermenter les marrons directement; mais la saison étoit passée, je ne pouvois pas employer des marrons récents à cette expérience; j'ai pris des marrons secs réduits en poudre fine, et je les ai traités de la manière suivante.

Fermentation des Marrons secs, tentatives inutiles pour en faire de l'esprit-de-vin.

J'AI délayé huit onces de marrons secs réduits en poudre fine, et passés au tamis de soie, dans vingt-quatre onces d'eau de rivière; ce mélange a exhalé une odeur charmante de chocolat; d'une autre part, j'ai délayé une once et demie de levure de bierre très-récente, et encore liquide, dans quatre onces d'eau; je l'ai ajoutée au premier mélange, le vaisseau a été placé à une température de 19 degrés, la fermentation s'est bien établie, il s'est dégagé beaucoup d'air. Au bout de deux jours, la fermentation étoit finie : deux jours après, j'ai distillé au bain-marie dans un petit alambic, je n'ai obtenu qu'une liqueur acidule absolument semblable à celle des opérations précédentes et rien de spiritueux.

J'ai répété cette expérience, en ne distillant le produit de la fermentation que quelques jours plus tard; je n'ai obtenu que le même résultat. Cette expérience néanmoins est bonne à répéter sur des marrons récents, et peut-être sur des marrons germés à un certain point ; c'est ce que je me propose de faire dans des circonstances plus favorables. Sage, dans son Analyse du blé, dit avoir tiré un esprit vineux de l'eau grasse et de l'eau sure des Amidonniers. Par le caractère qu'il reconnoît à cette liqueur, celle que j'ai obtenue des distillations dont je viens de parler, me paroît être absolument de même nature; ce n'est que de l'eau qui tient en dissolution une huile essentielle très-atténuée, qui ne contient rien de vineux ni de spiritueux; mais elle est acide comme du vinaigre distillé.

SECOND PROCÉDÉ.

Farine séparée des Marrons d'Inde récents par le moyen de l'eau.

L'EXPERIENCE et l'observation m'ont conduit à découvrir, qu'il falloit absolument que les marrons fussent divisés le plus possible, et que le broyement étoit le moyen qu'il convenoit d'employer; que dans cet état d'extrême division, ils perdent radicalement et très-promptement leur amertume.

On

On conçoit qu'avant cette découverte, j'ai dû faire, comme ceux qui m'ont précédé dans cette carrière, d'abord beaucoup d'expériences sans succès : je les passerai sous silence, pour ne pas grossir ce Mémoire inutilement ; cependant je rapporterai le résultat de quelques observations essentielles, propres à faire connoître la nature des marrons d'Inde, ainsi que celle des substances qui les composent.

On prend six livres de marrons d'Inde écorcés, comme nous l'avons dit précédemment : on les met tremper dans de l'eau pendant vingt-quatre heures pour les faire renfler ; on les passe si l'on veut dans un linge rude, pour séparer leur écorce rougeâtre ; on les pile dans un mortier de marbre, avec un pilon de bois, pour les réduire en pâte ; on les broye ensuite par petites parties, sur une pierre dure, avec un rouleau de bois ; on ajoute un peu d'eau en les broyant, si cela est nécessaire : on délaye cette pâte dans un grand baquet de bois, dans lequel on a mis environ trois cents pintes d'eau de puits ou de rivière ; on agite le mélange avec un bâton ou un manche à balai : l'eau devient blanche-laiteuse, elle mousse comme de l'eau de savon ; environ une heure après, on enlève cette mousse avec une assiette ou avec un grand écumoir, et on la jette comme inutile. On laisse reposer le mélange pendant deux heures.

Alors on décante l'eau, d'abord au moyen de quelques trous pratiqués à différentes hauteurs du baquet ; on soulève le baquet pour faire couler le restant de l'eau, en prenant garde de faire couler la farine. On remet dans le baquet une même quantité de nouvelle eau ; on agite le mélange avec le bâton pour bien délayer la farine : celle-ci mousse presqu'autant que la première, elle est un peu moins blanche et moins laiteuse ; on la laisse également reposer pendant deux heures ; mais au bout d'une heure de repos, on enlève de même la mousse qu'on jette comme inutile : on réitère de la même manière les lavages de cette farine, en changeant l'eau toutes les deux heures, jusqu'à ce qu'elle ne mousse plus par sa chûte sur la farine, qu'elle reste sans couleur, ni laiteuse, ni verdâtre, et sans la moindre saveur. Il convient de donner environ huit ou dix lavages semblables en deux jours et demi, ou trois jours.

Lorsque la farine est suffisamment lavée, on la met égoutter sur un linge tendu par les quatre coins sur un chassis de bois; on passe beaucoup d'eau pour achever de la mieux laver : on la laisse égoutter ; lorsqu'elle l'est suffisamment, on la met à la presse pour la débarrasser plus promptement de l'eau qu'elle retient; après quoi on l'émiette entre les mains, on l'étend sur des clisses d'osier, garnies de papier gris; on la fait sécher au soleil, ou dans une étuve, ou sur le four d'un boulanger, et jamais dans l'intérieur, à moins que ce ne soit trente ou trente-six heures après qu'on en a retiré le pain; l'humidité qu'elle retient encore la feroit cuire en partie; cette farine humide est d'une très-facile cuisson : lorsqu'elle est suffisamment sèche, on la pulvérise, on la passe au travers d'un tamis de soie, et on la conserve dans un bocal de verre, seulement bouché de papier. Alors elle est en état de faire du pain.

REMARQUES.

On voit que les manipulations préliminaires de ce procédé, sont communes à celui qu'on exécute par le moyen de l'esprit-de-vin, jusqu'au moment où la matière est broyée sur la pierre : les remarques à faire jusqu'à cette époque étant les mêmes, nous y renvoyons le lecteur, afin d'éviter des répétitions, nous renfermant dans les observations relatives au procédé qui nous occupe : lorsque les marrons sont broyés, on les délaye dans l'eau.

Le marron d'Inde est à-peu-près aussi dur à broyer que le cacao, avec lequel on fait le chocolat : un homme ne peut guère en broyer que quinze livres dans sa journée, ce qui seroit peu de chose dans un travail monté un peu en grand ; mais on peut accélérer ce broyement, en employant un moulin ordinaire ; la pâte sortira des meules sous la forme d'une bouillie, comme la moutarde qui se broye très-bien quoiqu'humide : un moulin à moutarde m'a servi pour ces expériences ; mais on conçoit qu'étant d'un petit diamètre, j'ai été obligé de repasser la pâte une fois ou deux sous les meules, comme on le fait à l'égard de la moutarde qu'on nomme *fine* : si l'on se sert des meules de moulins ordinaires de quatre à cinq pieds de diamètre, on ne sera pas assujetti à rebroyer la matière à plusieurs reprises; une seule fois suffira. Le chocolat se broye dans l'état de liquidité; il est infiniment plus embarrassant à broyer entre des meules, parce qu'il ne peut l'être qu'à une chaleur peu différente de celle de l'eau bouillante; cependant dans une grande fabrique établie sur le Rhône, à Lyon, on broye ainsi le chocolat : les marrons présentent beaucoup moins de difficulté pour leur broyement, qui doit se faire à froid; on sera seulement assujetti, peut-être, à mettre de temps en temps de l'eau pour faire couler la matière broyée.

On peut employer indistinctement de l'eau de puits ou de rivière; celle-ci cependant m'a paru préférable, en ce que la farine se précipite un peu plus promptement, et qu'elle dissout mieux la gomme-résine : si cependant les circonstances obligeoient d'employer de l'eau de rivière, il faudroit avoir attention de ne faire usage que de celle qu'on a laissé déposer : l'eau de rivière, même la plus claire, dépose toujours une certaine quantité de terre fine jaunâtre, qui feroit partie de la farine, et altéreroit sa blancheur.

Lorsqu'on délaye dans l'eau la pâte broyée, on observe que l'agitation qu'on est obligé de donner au mélange, fait mousser l'eau plus fortement que de l'eau la plus chargée de savon, et elle est aussi blanche; cet effet est dû à un commencement de séparation de la gomme-résine, qui se réduit sous cette forme par l'agitation : si on ramasse cette mousse, elle se convertit difficilement en eau, même dans l'espace de plusieurs jours; étant desséchée, elle ne fournit qu'une gomme-résine jaunâtre, et ne contient pas un atôme de farine : c'est par cette raison que nous recommandons de l'enlever, pour s'en débarrasser à mesure qu'elle se présente : si on ne la sépare pas, elle subit un commencement de dessèchement, se précipite et ne se sépare plus : elle perd son amertume, conjointement avec la farine, par les lavages subséquents; il ne reste que la matière animale, qui fait partie de la farine et qui altère sa blancheur.

Une suite d'expériences m'ont appris que la farine est déposée à-peu-près dans une heure de temps; cela varie un peu, suivant la chaleur qui règne dans l'atmosphère, et la quantité d'eau qu'on emploie; la précipitation se fait plus promptement dans un grand volume d'eau : la farine se précipite un peu plus lentement lorsqu'il fait froid ; il n'y a aucun danger de la laisser pendant deux heures; mais il y en auroit beaucoup si l'on tardoit de quelques heures à changer l'eau, une partie de la gomme-résine se précipiteroit. L'eau de ce premier lavage est tellement chargée de gomme-résine, qu'elle est blanche-verdâtre comme du lait bien écrèmé; on croiroit qu'elle contient encore beaucoup de farine en suspension : lorsqu'on n'est pas bien sûr de ces opérations, on la jette même avec regret, persuadé qu'elle contient quelque chose d'utile. Nous en parlerons plus particulièrement, lorsque nous examinerons l'eau de ces différents lavages. Au moyen des trous pratiqués à plusieurs hauteurs au baquet, on vide l'eau commodément; mais sur la fin, il est essentiel de vider le plus possible celle qui reste, parce qu'elle est fort amère; elle se mêleroit avec la nouvelle dans le lavage subséquent. Pour plus de célérité, on peut la mettre égoutter sur un linge pendant qu'on remplit le baquet de nouvelle eau, ce qui produit un meilleur effet pour se débarrasser plus promptement de l'amertume. Dans un travail en grand, on peut la mettre égoutter dans des paniers d'osier, garnis de toile dans l'intérieur.

Dans un baquet de la contenance de deux ou trois cents pintes, ou de six cents livres d'eau, on peut laver à-la-fois jusqu'à quinze à seize livres de marrons broyés; il y auroit quelques inconvéniens d'en mettre davantage; l'eau des premiers lavages sur-tout deviendroit épaisse comme du lait, et seroit aussi blanche; la gomme-résine trop abondante dans le même volume d'eau, se précipiteroit en partie; ce qu'il est essentiel d'éviter: on seroit obligé de faire un plus grand nombre de lavages: quoique l'eau soit bien éloignée d'être saturée d'extrait et de gomme-résine, cependant tout ne se sépare pas dans un premier lavage; mais il se fait plus vîte, lorsqu'on n'en met qu'une proportion convenable. J'ai quelquefois éprouvé qu'une livre de marrons broyés se trouvoit suffisamment lavée en une seule fois dans cette quantité d'eau. Je mettois, au bout de deux heures d'infusion, la farine sur un filtre de papier, et je passois un peu d'eau d'eau pour la débarrasser de celle du baquet dont elle étoit imprégnée, et je voyois avec plaisir qu'elle étoit absolument sans amertume. Ainsi, on peut donc préparer de cette farine en deux heures de temps, pourvû cependant que la pâte ait été bien broyée, ce qui est absolument indispensable. Tout cela nous prouve qu'il y a une proportion à observer entre la quantité de pâte de marrons qu'on veut laver à-la-fois, et la capacité du baquet qu'on doit employer.

On observe qu'à mesure que les marrons se débarrassent de leur gomme-résine et de leur partie extractive, l'eau devient de moins en moins mousseuse, et moins colorée; le lavage n'est réputé achevé, que lorsque, par l'agitation, l'eau ne mousse plus du tout, qu'elle est absolument sans couleur et sans saveur : mais il ne faut pas se laisser surprendre à l'insipidité de l'eau, ni à celle de la farine mouillée; dans cet état d'humidité, la farine presque lavée n'a pas l'apparence d'amertume, et lorsqu'elle est sèche, elle est amère, si elle n'a pas été suffisamment lavée. Il n'y a aucun inconvénient de la laver plusieurs fois de trop, et il y en a beaucoup en la lavant une fois de moins, puisqu'elle fait du pain dont la saveur amère n'est pas supportable, si elle conserve un demi-grain d'extrait par once; mais une fois qu'on a réglé le poids de la pâte à laver sur la capacité du baquet, et que le nombre de lavages est déterminé, on peut être certain de ne jamais manquer aucune opération. Au reste, voici une expérience très-simple pour connoître si la farine est suffisamment lavée avant de la sortir de l'eau.

Lorsqu'on a jeté la dernière eau, on prend une petite cuillerée de farine en bouillie, on la met sur une feuille de papier gris pliée en seize; on la comprime avec les doigts : lorsqu'elle a perdu par ce moyen beaucoup de son humidité, on met cette farine dans une fiole à médecine; on verse par-dessus une once ou une once et demie d'esprit-de-vin à trente degrés de mon aréomètre; on présente la fiole un moment au-dessus d'un feu de braise pour échauffer l'esprit-de-vin : si la farine est bien lavée, il n'en tire absolument aucune teinture; si, au contraire, elle ne l'est pas suffisamment, il en tire une teinture plus ou moins colorée : si l'esprit-de-vin prend seulement une couleur de paille, on peut être certain qu'elle n'est pas assez lavée, et qu'elle sera amère étant sèche, quoiqu'elle ne paroisse pas l'être étant humide. Alors, il faut procéder à un ou deux lavages de plus, sans quoi le pain qu'on feroit avec cette farine seroit sensiblement amer. Cette petite expérience simple est de la plus grande certitude; elle n'est malheureusement pas trop à la portée des gens de la campagne, qui, s'ils veulent la faire, emploieront de l'eau-de-vie déjà colorée; mais l'expérience leur apprendra le nombre de lavages qu'il convient de donner, relativement à la quantité employée à la fois, et à la capacité du baquet.

Les marrons ramassés bien sains dans leur saison, comme je suppose qu'on le fera toujours, peuvent rester très-long-temps dans l'eau sans s'altérer, même pendant un mois, si la température est à dix degrés, pourvû qu'on ait l'attention de changer l'eau deux fois par jour. Ceux qui sont mal divisés, pourriront plutôt que de perdre entièrement leur amertume. A la rigueur, ils peuvent rester vingt jours dans l'eau sans s'altérer; mais il faudroit bien se garder de les laisser ce temps-là dans l'eau. La farine est lavée suffisamment en trois jours ; il y a beaucoup à gagner du côté de la blancheur, en ne la laissant pas plus long-temps. Les marrons que j'ai tenus si long-temps dans l'eau, changée tous les jours, s'altèrent sans contracter de mauvaise odeur ; ils deviennent bien blancs, ils donnent une poudre fine d'un blanc éclatant tant qu'elle reste dans l'eau ; mais mise sur un filtre, elle devient brune aussitôt qu'elle est frappée de l'air ; les marrons dans cet état d'altération deviennent rougeâtres, et rendent un peu d'huile qui vient nager à la surface de l'eau, en forme d'une pellicule grasse ; et la farine devient bise en se séchant, et ne tarde point à devenir d'une rancidité insupportable.

Lorsque la farine est finie d'être lavée, nous avons dit de la mettre égoutter sur un linge ; elle est comme une bouillie liquide ; il convient de passer de l'eau dessus pour plus de sûreté, afin d'emporter celle qui la baignoit : quoique, lorsqu'elle est bien lavée, cette dernière opération ne soit pas bien nécessaire, c'est une sûreté de plus. Alors on la met à la presse dans une toile, pour la priver le plus possible de la grosse humidité, afin qu'elle puisse se sécher plus promptement.

La gâteau qu'elle forme en sortant de la presse est facile à diviser, soit entre les mains, soit dans un mortier de marbre; on doit même, dans un travail en grand, la faire passer au travers d'un crible, afin de la mieux diviser, pour qu'elle puisse se sécher avec plus de rapidité.

Lorsque la farine de marrons se sèche avec trop de lenteur, elle contracte une odeur d'aigre insupportable, et devient rance avant d'être séchée : les marrons ramassés sur l'arrière-saison, qui ont subi quelqu'altération, ou qui ont commencé à germer, ne rendent qu'une farine aigre et rance, et le pain retient ces mauvaises qualités.

Une livre de marrons d'Inde récents, traités avec de l'eau, rend,

Matières inutiles.	Ecorces.	2 onces	4 gros	
	Extrait.	3	1	60 grains.
	Humidité. . .	5	5	12
		11	3	
Matières utiles.	Amidon.	2 onces	5 gros.	
	Parenchyme. .	2	»	
		4	5	

Cent livres de marrons récents, traités à l'eau, rendent par conséquent vingt-neuf à trente livres de farine, au lieu de quarante-deux livres cinq onces qu'on obtient par le moyen de l'esprit-de-vin, ce qui fait environ douze livres de moins par l'intermède de l'eau : on doit attribuer ce déficit à ce que la farine préparée à l'eau ne retient point de matière sucrée, et fort peu de matière animale; et enfin à ce que chaque fois qu'on change l'eau par décantation, il est difficile de n'en pas perdre un peu; on doit, par conséquent, dans un travail en grand, espérer de tirer davantage de farine que je n'en ai eu dans mes opérations en petit. Mais une observation importante, est la quantité de matière nutritive qu'on sépare de ce fruit; il n'y a pas de substance, excepté les graines farineuses, qui en fournisse autant, pas même la pomme-de-terre qui ne donne que deux onces d'amidon par livre.

Examen de l'eau qu'on sépare des Marrons d'Inde pendant la préparation de la farine.

Nous avons vu ci-dessus ce que l'esprit-de-vin sépare des marrons pendant la préparation de la farine : l'eau opère la même séparation ; mais les substances qu'on en retire sont dans un autre état : l'esprit-de-vin tient en parfaite dissolution les substances dont il s'est chargé, elles passent aisément avec, par le filtre ; l'eau, au contraire, ne tient ces mêmes substances que dans un état laiteux, et de demi-dissolution par conséquent.

L'eau du premier lavage ressemble à du lait écrêmé ; elle a l'opacité, la consistance, et presque la blancheur du lait de vache, un peu verdâtre ; elle ne peut se filtrer, elle mousse par l'agitation, peut-être avec plus de facilité qu'une eau de savon ; la mousse est très-blanche, et infiniment plus durable : tous ceux qui ont fait des tentatives sur les marrons d'Inde, disent que cette eau savonne le linge comme de l'eau de savon ; je ne l'ai point essayé sous ce point-de-vue : il est à croire que non, on s'en seroit servi dans le temps que le savon est devenu rare et cher. Au reste, cette eau est une émulsion naturelle, composée de la matière animale qui tient lieu de gomme, et d'une résine qui fait fonction d'huile. Cette eau est de la plus grande amertume, et en même-temps sucrée ; elle dépose par le repos, dans l'espace de quelques jours, la gomme-résine sous la forme d'une poudre de la plus grande blancheur, qu'on est disposé à prendre pour de l'amidon le plus beau; et il y auroit beaucoup d'inconvéniens de la mêler avec de la farine, ou de la laisser s'y mêler. L'eau devenue claire par le repos n'est plus sucrée, elle est seulement amère et acide; elle se filtre facilement : la gomme-résine reste sur le filtre; à mesure qu'elle se sèche, elle devient d'un beau jaune citrin, et de la consistance de la térébenthine liquide, absolument semblable à celle séparée par le moyen de l'esprit-de-vin ; avec cette différence que cette dernière ne change pas de couleur : celle, au contraire, séparée par l'eau prend différentes couleurs en se séchant ; tantôt elle est d'une couleur fauve-sale, tantôt très-grise, d'autres fois elle est d'un brun tirant sur le noir : cette résine rend le plus souvent un peu d'huile grasse, couleur de paille, qui blanchit en devenant rance. Si l'on enferme dans un bocal, seulement couvert de papier, cette gomme-résine animale, elle ne tarde pas à se moisir, mais sans contracter l'odeur de fromage

mage comme la matière glutineuse de la farine de froment.

L'eau blanche dont nous parlons rougit le papier bleu et la teinture de tournesol. J'ai examiné cette eau récente avec les réactifs suivans.

1°. L'alkali fixe change sur-le-champ le blanc de cette eau en une couleur citrine: le lendemain il s'est formé un précipité roux, la liqueur avoit une couleur de bierre blanche.

2°. La lessive des savonniers jaunit sur-le-champ cette liqueur; dans d'autres circonstances la couleur est orangée.

3°. L'alkali volatil la jaunit de même sur-le-champ: le lendemain le précipité étoit verdâtre et la liqueur aussi.

4°. Le vinaigre de Saturne la jaunit de même sur-le-champ: le lendemain le précipité étoit citrin, et la liqueur de même.

5°. L'acide vitriolique augmente le blanc de cette eau: le lendemain le précipité étoit blanc, et la liqueur sans couleur.

6°. L'acide nîtreux augmente le blanc de cette eau: le lendemain le précipité étoit roux, et la liqueur couleur de bierre blanche.

7°. L'acide marin augmente le blanc de cette eau : le lendemain le précipité s'est trouvé blanc, et la liqueur sans couleur.

8°. Le vinaigre distillé augmente le blanc de cette eau : le lendemain le précipité étoit blanc, la liqueur sans couleur.

9°. La dissolution de sublimé corrosif augmente le blanc de cette eau : le lendemain le précipité et la liqueur étoient couleur de paille.

10°. L'esprit-de-vin en grande quantité n'éclaircit point cette eau : il ne fait que diminuer l'opacité à raison de la quantité qu'on en met.

L'eau du second et du troisième lavages présente les mêmes phénomènes, avec des distinctions proportionnelles : j'ai pensé qu'il étoit inutile d'examiner l'eau des lavages subséquents, qui m'auroit donné les mêmes produits, mais toujours en diminuant d'intensité.

Deux pintes de cette eau laiteuse, conservée, ont déposé de la gomme-résine, qui s'est d'abord précipitée sous la forme d'un amidon de la plus grande blancheur : la liqueur est devenue comme moirée dans l'espace de dix à douze heures; elle a pris une odeur de betterave cuite ; et au bout de quelques jours l'eau est devenue couleur de feuilles mortes, et elle avoit perdu considérablement de son amertume : lorsque l'eau est devenue bien claire, je l'ai filtrée : la gomme-résine est restée sur le filtre ; je l'ai rassemblée et fait sécher ; il s'en est trouvé quatre gros. Nous l'examinerons dans un instant.

L'eau, comme l'esprit-de-vin, sépare du marron-d'Inde, la matière sucrée et la substance extractive ; elles se trouvent mêlées dans l'eau des lavages. L'esprit-de-vin conserve la matière sucrée et l'empêche de subir de l'altération ; c'est pourquoi on la retrouve toute par ce moyen : il n'en est pas de même lorsqu'elle est dissoute dans l'eau ; elle est comme le jus de canne à sucre, qu'on nomme vin de canne ; elle est tellement disposée à s'aigrir, à se dénaturer, qu'elle l'est déjà pendant la première infusion des marrons dans l'eau : il paroît que c'est cette facile altération qui est cause que jusqu'ici cette substance n'a point été remarquée, quoiqu'elle s'y trouve en assez grande abondance. Si l'on diffère du jour au lendemain à faire évaporer cette eau, elle devient légèrement acide et n'est plus sucrée. Cette destruction a lieu sans fermentation apparente, à raison sans doute du grand volume d'eau dans laquelle elle se trouve délayée, qui empêche de la remarquer.

Matière sucrée, séparée des Marrons, par le moyen de l'eau.

VOULANT connoître comment la matière sucrée des marrons-d'Inde pourroit se laisser recueillir par le moyen de l'eau, j'ai fait l'expérience suivante.

J'ai pris une livre de marrons secs réduits en poudre passée au tamis de soie ; je l'ai lavée dans huit pintes d'eau, trois fois de suite, en changeant d'eau de deux heures en deux heures : j'ai borné mon expérience à ces trois seuls lavages.

Aussi-tôt que la première eau a été séparée, je lui ai fait prendre quelques bouillons sur le feu pour l'empêcher de s'altérer, et pour la clarifier, afin de pouvoir la filtrer plus facilement. La plus grande partie de la matière animale s'est caillebottée comme le fromage du petit-lait qu'on clarifie, et elle a formé une écume. La liqueur avoit une couleur verdâtre semblable à du petit lait mal clarifié ; je l'ai filtrée chaude : elle a passé difficilement ; la matière animale est restée sur le filtre. J'ai fait évaporer la liqueur jusqu'en consistance d'extrait ; j'ai obtenu cinq onces quatre gros d'extrait noir très-amer, troublé par de la résine et de la matière animale, qui se sont précipitées pendant l'évaporation : cet extrait est infiniment moins sucré que celui obtenu par de l'esprit-de-vin.

L'eau du second lavage étoit plus blanche, plus laiteuse, que la précédente traitée de même ; elle a formé un caillebotté rougeâtre à la clarification, la liqueur s'est filtrée plus difficilement ; évaporée ensuite jusqu'en consistance d'extrait, elle a donné neuf gros et douze grains d'extrait noir semblable au précédent, et tout aussi peu sucré.

Enfin l'eau du troisième lavage étoit aussi blanche-laiteuse, que la seconde ; clarifiée de même, elle a formé un peu d'écume, elle a filtré plus difficilement que les précédentes ; elle avoit la couleur d'une légère infusion de réglisse, elle a fourni une quantité d'extrait moindre que la précédente ; j'ai oublié de tenir note du poids : cet extrait n'étoit qu'amer et n'avoit point de saveur sucrée.

Avant de savoir que cette matière sucrée existoit dans les marrons, et qu'elle se détruisoit avec autant de facilité, j'avois déjà préparé plusieurs fois de ces extraits avec des eaux gardées du jour au lendemain; ils n'avoient que de l'amertume, sans la moindre saveur sucrée.

Il résulte de ces expériences, que la matière sucrée, dans quelque état qu'elle se trouve dans les marrons, ne peut s'extraire, par le moyen de l'eau, aussi facilement que par l'esprit-de-vin. L'infusion des marrons, comme nous l'avons fait remarquer, est légèrement acide; cette matière sucrée passe à l'acide avec la plus grande facilité. Je m'étois proposé d'examiner ces eaux sous ce point de vue, de les concentrer à la gelée, afin d'en faire ensuite du vinaigre de saturne, à l'effet de m'en servir à décomposer le sel marin pour en obtenir la soude. Mais les circonstances m'ont forcé de remettre ce travail à un temps plus opportun.

Pendant les évaporations des liqueurs pour les réduire en extrait, une partie de la résine reste dissoute, mais se caillebotte sur la fin de l'évaporation, et fait partie de l'extrait : ces séparations de résine et de matière animale, ne se font pas avec l'exactitude qu'on désire ; il est difficile par conséquent de les avoir à part parfaitement pures et séparées les unes des autres. Quoiqu'il en soit, je n'ai pas trouvé de moyen plus commode pour avoir beaucoup de matière animale, que celui de faire prendre un bouillon aux infusions des marrons : elle vient en écume séparée de résine ; du moins celle qu'on obtient par ce procédé, en est le moins mêlée possible ; et on peut séparer cette résine par le moyen de l'esprit-de-vin, si la matière animale en contient ; mais c'est tandis que ces écumes sont encore un peu humides. Lorsqu'on les a fait sécher entièrement, la séparation ne se fait plus avec la même facilité ; la matière animale défend la résine de l'action de l'esprit-de-vin.

Des écumes séparées des trois infusions dont nous venons de parler : matière animale.

J'AI d'abord passé de l'eau froide sur les trois filtres, pour emporter le peu de liqueur extractive amère qui mouilloit ces écumes.

La matière du premier filtre étoit blanche, un peu jaunâtre ; je l'ai rassemblée et mise sécher sur du papier gris ; elle est devenue d'un brun foncé, presque noir, demi-transparente ; il s'en est trouvé deux gros et demi : cette substance est purement de nature animale ; elle n'a point graissé le papier en séchant, elle est devenue rance quelque temps après.

La matière du second filtre étoit blanche-rougeâtre, tirant sur le jaune ; elle avoit le coup-d'œil de la levure de bierre ; je l'ai rassemblée et mise sécher sur du papier gris ; elle est devenue absolument semblable à la précédente (il s'en est trouvé deux gros) ; excepté qu'en se séchant, elle a laissé couler de l'huile qui a graissé considérablement le papier ; elle a une odeur particulière, désagréable : cette matière est purement animale.

La matière du troisième filtre étoit de la même couleur que celle du second filtre, mais moins foncée : je l'ai fait sécher, elle est devenue semblable aux précédentes ; il y en avoit trois gros ; elle a exudé de l'huile en se séchant. Celle-ci brûle comme une bougie, sans s'éteindre ; mise sur un charbon ardent, elle exhale une fumée un peu fétide,

fétide, qui a quelque chose d'aromatique ; elle est un mélange particulier de matière animale et de résine : elle est devenue rance au bout de quelque temps.

C'est donc sept gros et demi de matière animale séparée des marrons secs ; mais comme il a fallu douze lavages à huit pintes d'eau chaque fois, pour épuiser la livre de marrons de toute son amertume, il est visible que si j'eusse traité de même l'eau des infusions subséquentes, j'en aurois obtenu davantage.

La matière animale des deux premiers filtres mise dans de l'eau, a pris dans l'espace de quatre jours, une odeur de vieux fromage, comme la matière animale de la farine de froment ; elle s'est gonflée et est devenue blanchâtre sans se dissoudre.

La matière du troisième filtre s'est gonflée dans l'eau et est devenue blanchâtre, n'a contracté aucune odeur dans l'espace de quinze jours, et ne s'est pas dissoute.

La matière des deux premiers filtres ne se dissout point dans l'esprit-de-vin, qui prend seulement une couleur infiniment plus foible que la couleur de paille.

La matière du troisième filtre a communiqué à l'esprit-de-vin une très-légère couleur de paille, sans se dissoudre. Cette matière étant un mélange, comme je viens de le dire, je n'en parlerai plus. Nous allons continuer d'examiner celle des deux premiers filtres.

L'acide nîtreux dissout un peu de cette matière et devient d'une légère couleur citrine ; ce qu'il ne dissout pas, est d'un beau jaune citron.

L'acide marin, ainsi que l'acide vitriolique, ne tirent aucune couleur de cette matière ; elle devient seulement d'un blanc roux.

L'alkali fixe ne la dissout pas, il en tire une couleur ambrée fort légère ; et la matière reste avec la couleur qu'elle avoit auparavant.

Cette matière animale, comme nous l'avons déjà dit, se présente sous diverses couleurs, lorsqu'elle est séparée par de l'eau ; mais quelle que soit sa couleur, elle a absolument les mêmes propriétés que nous venons de lui reconnoître. Elle est encore, pour l'ordinaire, peu ou point mêlée de résine ; au lieu que l'esprit-de-vin n'opère pas la même séparation ; la matière animale ne quitte pas la résine ; on ne l'obtient que sous la forme d'une gomme résine, et qui en a toutes les propriétés. Celle-ci est jaune, se délaye dans l'eau sous la forme d'une émulsion, comme les gommes-résines ordinaires, et ne se dissout pas mieux dans l'esprit-de-vin.

Cette matière animale obtenue par l'eau, soumise à la distillation, fournit les mêmes substances que la matière glutineuse de la farine de froment, un flegme, de l'alkali volatil, de l'huile empyreumatique, de l'alkali volatil concret, et un charbon rare et spongieux.

TROISIÈME PROCÉDÉ.

Farine séparée des Marrons d'Inde séchés et réduits en poudre fine.

On prend deux livres et demi de marrons d'Inde écorcés, séchés et réduits en poudre fine passée au tamis de soie : on délaye cette poudre dans deux seaux d'eau de puits ou de rivière ; on agite le mélange jusqu'à ce que la poudre soit bien délayée ; au bout de deux heures d'infusion, on décante l'eau, on en remet de nouvelle, on la décante de même, et on procède ainsi de suite jusqu'à douze infusions de deux heures chacune. Alors on met la farine égoutter sur un filtre, et on la met à la presse pour pouvoir la faire sécher plus promptement; on émiette le gâteau de farine sortant de la presse, on la fait sécher sur des clisses d'osier garnies de papier gris, comme nous l'avons dit précédemment : lorsqu'elle est bien séchée, on la réduit en poudre, et on la passe au travers d'un tamis de soie : on en obtient une livre six onces; elle est bien blanche, et absolument sans amertume.

REMARQUES.

LA poudre de marrons d'Inde nouvellement faite, est d'une légère couleur citrine très-agréable; elle perd cette couleur à l'air et devient blanche comme de la farine; elle a une saveur sucrée qu'on distingue facilement malgré son excessive amertume. Comme les marrons ont été desséchés, on remarque, que l'eau de la première infusion est moins blanche que celle de la seconde; la dessication a desséché la gomme-résine animale, et la rend un peu plus difficile à se séparer : il m'a paru aussi que cette farine, quoique très-blanche, ne l'est pas tout-à-fait autant que celle préparée avec des marrons récents ; mais elle fait du pain aussi bon.

Pendant le lavage de cette farine, j'ai remarqué qu'il s'élève à la surface de l'eau, une pellicule grasse et vraiment huileuse : cette substance se manifeste encore lorsqu'on exprime la farine entre des papiers gris, ils sont tous graissés comme des papiers huilés : je ne sais si je dois attribuer la séparation de cette huile à l'état d'altération des marrons ; ceux employés ont été ramassés dans les mois de Décembre et de Janvier ; ils étoient gonflés d'humidité ; plusieurs étoient germés ; mais malgré cet état, ils n'avoient nulle apparence d'altération. Il seroit essentiel de vérifier si les marrons ramassés dans le temps le plus convenable, donnent ainsi de l'huile. J'ai quelquefois tenté de continuer les lavages dans l'espérance de séparer toute l'huile ; mais les marrons en rendoient de plus en plus, à mesure qu'ils s'altéroient davantage par leur trop long séjour dans l'eau. Cette huile a une odeur d'aigre et de rance qu'elle communique à la farine. Lorsque l'odeur est légère, elle se développe à la fermentation et à la cuite du pain, au point qu'il n'est pas mangeable, tant la saveur en est rance.

Nature et propriété de la farine de Marrons d'Inde.

LA farine de marrons d'Inde est à-peu-près aussi blanche que celle de froment de seconde qualité ; elle a un petit coup-d'œil jaunâtre ; elle est un peu grasse et moins légère que la farine de froment, parce qu'elle contient un peu d'huile douce : si l'on soumet à la presse, dans un étau de serrurier, quelques pincées de cette farine enveloppée dans du papier-Joseph, elle le graisse sensiblement, ce que ne fait pas la farine de froment; cette huile, quand elle n'est pas rance, ne nuit pas à la bonne qualité du pain. Mais les farines préparées avec des marrons altérés, qu'on a ramassés sous les feuilles des arbres, deviennent rougeâtres ou purpurines pendant le lavage, bises en se séchant, et se rancissent beaucoup ; elles font du pain qui a un goût et une odeur rances insupportables.

Cette farine bien préparée ne fournit rien dans l'esprit-de-vin ; ce menstrue prend au contraire quelque couleur lorsque la farine a été mal lavée, et qu'elle conserve encore de la substance amère. Nous avons même indiqué ce moyen pour s'assurer du lavage parfait, avant de séparer la totalité de la farine de l'eau.

L'acide vitriolique et l'acide marin délayés dans beaucoup d'eau, n'ont point d'action sensible sur cette farine bien préparée ; l'un et l'autre la blanchissent beaucoup ; mais étant ensuite lavée et séchée, elle devient bise.

L'acide nitreux développe sur-le-champ une légère couleur citrine, que la farine conserve après avoir été lavée et séchée ; cette couleur est due à l'action de cet acide sur la matière animale restée dans la farine, comme nous l'avons dit précédemment, en examinant, avec cet acide, cette substance seule séparée de l'eau des lavages.

L'alkali fixe développe sur-le-champ une couleur de chair ; la farine lavée et séchée retient une légère couleur purpurine.

L'alkali caustique, ou la lessive des savonniers, a une action des plus fortes sur la farine : j'ai trituré, dans un mortier de marbre, un gros de lessive des savonniers, qui donnoit 38 degrés à mon pèse liqueur des sels ; le mélange est devenu couleur de chair, extrêmement volumineux et en poudre ; l'instant d'après, le mélange a formé une pâte un peu ferme ; dans la journée, j'ai ajouté encore un peu du même alkali caustique, qui a d'abord ramolli la pâte ; mais quelques heures après, le mélange est devenu d'une consistance de pilules, et d'une couleur rougeâtre. J'ai partagé cette matière en deux parties ; j'ai laissé sécher l'une à l'air, elle a d'abord durci, et s'est ensuite réduite en poudre d'une couleur rougeâtre, un peu plus foncée que la couleur de chair.

J'ai dissous l'autre partie dans de l'eau froide, ce qui s'est fait difficilement et dans l'espace de deux jours : la dissolution étoit trouble, de couleur de chair, ne moussoit point ; la farine étoit dans un état de demi-dissolution. Au bout de deux jours, j'ai filtré la liqueur ; elle a passé trouble comme du petit lait mal clarifié ; j'ai lavé le dépôt resté sur le filtre, et l'ai fait sécher ; il étoit volumineux, d'une couleur de chair, élasti-

que

que comme de la mie de pain tendre, collant de même, et très-difficile à se sécher : l'humidité ne s'imbibe pas dans le papier. La liqueur filtrée s'est éclaircie dans l'espace de quelques jours, et a formé un dépôt blanc, qui étoit de l'amidon dans un état d'altération. Le dépôt resté sur le filtre, et celui formé dans la liqueur alkaline, lavés et séchés, ne forment plus qu'une mauvaise colle.

J'ai répété cette expérience sur de la farine de froment ; j'ai eu exactement les mêmes résultats, aux couleurs près : celle-ci n'a manifesté aucune couleur dans tous les instans des opérations.

Pain de Marrons d'Inde.

On a fait des reproches fondés à ceux qui ont proposé de convertir en pain beaucoup de substances nutritives, qui n'éprouvent que peu ou point du tout la fermentation panaire, et qui ne forment que des pains de mauvaise qualité, lourds et de difficile digestion ; tandis que ces substances, mangées sous toutes autres formes, offrent des aliments salubres et plus économiques.

Parmentier et Cadet de Vaux ont fait connoître les abus et les inconvéniens qui résultent de la fabrication de ces sortes de pains. Le marron d'Inde n'est pas dans le cas du reproche dont nous parlons, son amertume insupportable empêche qu'on puisse l'employer comme aliment ; mais si, après lui avoir enlevé cette amertume, il en résulte une farine salubre, il est dans l'ordre de proposer d'en faire du pain. La farine de ce fruit ne se prête point seule à la fermentation panaire ; mais mêlée à parties égales avec de la farine de froment, elle fermente bien, et elle forme un bon pain blanc, léger, salubre, qui diffère bien peu du pain de farine de froment : voici comme j'ai fait le pain un grand nombre de fois.

J'ai mêlé huit onces de farine de froment avec autant de farine de marrons d'Inde ; j'ai pétri la moitié de ce mélange avec vingt gros de levain ordinaire, et une suffisante quantité d'eau ; j'ai laissé fermenter le mélange du soir au lendemain matin ; le lendemain j'ai ajouté au levain l'autre moitié du mélange des deux farines avec un gros de sel ; je l'ai laissé fermenter de nouveau ; ensuite j'ai fait cuire le pain à l'ordinaire :

j'ai obtenu vingt-quatre onces de pain bien blanc, plein d'yeux, léger et de bonne qualité.

Comme la farine de marrons contient un peu d'huile, la pâte est un peu grasse; elle se lisse d'elle-même, à-peu-près comme la pâte de pâtissier.

Amidon de Marrons d'Inde.

Peut-on en faire de la poudre à poudrer ?

JUSQU'A présent je n'ai eu pour objet que de préparer la farine de marrons d'Inde pour en faire du pain; c'est-à-dire, de conserver ensemble l'amidon et le parenchyme: c'est ce mélange que j'ai nommé *farine*. Je n'ai pas encore indiqué de procédé pour séparer l'amidon seul. Mon objet, à présent, est de donner le moyen de séparer de ce fruit l'amidon privé de tout parenchyme, d'examiner sa nature, et de faire voir qu'elle est telle, qu'il ne peut point faire de poudre à poudrer, immédiatement après qu'il est séparé des marrons, et qu'il a besoin de subir une préparation subséquente pour qu'on puisse l'employer à cet usage.

Pour se procurer l'amidon de ce fruit, il faut le séparer à mesure qu'il se présente, pendant les deux ou trois premiers lavages, parce qu'alors il est plus pesant que le parenchyme; il se précipite le premier sous la forme d'une pâte lourde, ténace comme l'amidon de pomme-de-terre; il est aussi blanc; on ramasse ce qu'on peut chaque fois avec une cuiller : passé ces premiers lavages, il se pénètre d'eau, devient aussi léger que le parenchyme, et ne se précipite plus séparément. Si on a négligé de le ramasser comme je l'indique, on ne peut plus l'avoir seul et sans mélange de parenchyme, même en passant, au travers d'un tamis de soie, l'eau blanche qui le tient suspendu; le parenchyme très-divisé se tamise également avec l'amidon. Si au lieu de diviser les marrons en les broyant sur la pierre, comme nous l'avons dit, on se contente de les piler dans un mortier de marbre, l'amidon paroît se mieux séparer d'avec le parenchyme, grossièrement divisé, qui reste sur le tamis; mais on ne tire pas la moitié de l'amidon que les marrons peuvent fournir.

L'amidon enlevé par parties, comme nous le disons de l'eau encore très-amère, perd son amertume avec la plus grande facilité ; un ou deux lavages suffisent : la partie extractive amère l'abandonne promptement, à raison sans doute de l'état de division sous lequel il se trouve naturellement. Au reste il paroît que l'amertume réside essentiellement dans le parenchyme.

Propriété de l'amidon de Marrons d'Inde.

L'AMIDON de marrons d'Inde est d'un beau blanc mat, en poudre très-divisée comme l'amidon de froment, il fait une colle aussi belle ; il est gras ; il contient un peu d'huile grasse ; c'est elle qui lui donne cette pesanteur qui est cause qu'il ne peut point servir dans cet état à faire de la poudre à poudrer ; elle ne s'y trouve qu'en fort petite quantité ; on ne peut en obtenir que par imbibition dans du papier, et seulement pour démontrer sa présence ; il est impossible d'en obtenir en gouttes par la pression la plus forte ; elle s'y trouve en beaucoup moindre quantité qu'il n'en reste, par exemple, dans des pains d'amandes, dont on a tiré l'huile par la plus forte expression ; mais elle y est en quantité suffisante pour empêher l'amidon de former une poussière voltigeante, en la secouant avec une houppe à poudrer. J'ai enveloppé de cet amidon le plus beau et le plus pur, dans du papier-Joseph, et l'ai mis à la pression dans un gros étau de serrurier ; il a beaucoup graissé le papier. Cette huile a la propriété de se rancir avec la plus grande facilité, et de communiquer à l'amidon une odeur désagréable : celle imbibée dans le papier, perd son odeur dans l'espace de quelques heures ; mais l'amidon qui a contracté cette odeur, ne la perd pas avec la même facilité.

L'amidon de pomme-de-terre est d'un beau blanc transparent, tirant sur le bleu, et comme disposé en petites écailles ; la figure de ses molécules, grosses et cristallines, le rend peu propre, par cette cause, à faire de la poudre à poudrer. L'amidon de racine de brionne est fin, forme une poudre voltigeante comme celui de la farine de froment ; j'en ai fait de la poudre qui ne différoit en rien, à l'usage, du plus bel amidon ordinaire ; cette racine est fort commune, vient par-tout avec la plus grande facilité : les racines sont fort grosses ; mais elles ne rendent que six gros d'amidon par chaque livre ; il est de la plus grande beauté.

L'amidon paroît être une matière univoque : quelle que soit la substance qui le fournisse, il diffère seulement par quelques propriétés particulières, suivant le végétal employé. C'est une substance singulière, qui n'a pas encore été examinée suffisamment. On peut croire, d'après l'observation que je viens de rapporter, que le blanc-laiteux de la colle d'amidon, ou de farine, est dû à une légère portion d'huile qu'ils contiennent tous, avec laquelle ils forment une sorte d'émulsion pendant la cuisson dans l'eau de la matière amilacée ; les gommes simples pures forment un mucilage ou une colle parfaitement semblable, mais qui n'a rien de laiteux, parce qu'elles ne contiennent point d'huile pour principe prochain. Si on ne peut manifester de même cette huile par pression dans les autres amidons, c'est qu'ils en contiennent infiniment moins que l'amidon des marrons d'Inde.

L'huile, dans les marrons d'Inde, se trouve dans deux états différents : une partie est volatile, et de la nature des huiles essentielles ; elle s'élève à une chaleur inférieure à celle de l'eau bouillante : nous avons fait remarquer que l'esprit-de-vin qui avoit servi à préparer la farine, a passé blanc et laiteux sur la fin de la distillation au bain-marie, tant il est chargé de cette huile. Aucune huile grasse, mêlée avec de l'esprit-de-vin, ne s'élève avec lui pendant la distillation, ni sur la fin ; ainsi l'huile, dont l'esprit-de-vin s'est chargé pendant l'infusion des marrons, étoit bien véritablement en dissolution, et elle est de la nature des huiles essentielles, puisqu'elle a passé au bain-marie avec lui pendant la distillation. L'autre partie de l'huile est de la nature des huiles grasses, indissoluble dans l'esprit-de-vin, puisqu'on la retrouve dans la farine préparée par son moyen. Cette farine, ainsi que celle préparée à l'eau, soumise à la pression dans l'étau, graisse les papiers d'une manière très-sensible.

Il me paroît démontré, d'après les observations que je viens de rapporter, que l'amidon, de quelque substance qu'on le tire, contient essentiellement une petite quantité d'huile, qui n'empêche pas d'en faire de la poudre à poudrer, quand elle ne s'y rencontre que dans une proportion infiniment petite ; mais que, lorsqu'elle s'y trouve dans une proportion plus grande, comme elle l'est dans

dans l'amidon de marrons d'Inde, elle s'oppose à cette légèrete nécessaire. C'est faute d'avoir remarqué la cause de cet inconvénient, qu'on a rejeté l'amidon de ce fruit pour l'usage de la poudre à poudrer : après l'avoir reconnu, j'ai fait des recherches pour enlever cet excès d'huile ; j'y suis parvenu par des moyens simples et de pratique, sans changer, ni sans détruire la nature de cette espèce d'amidon : voici les résultats de mes expériences.

Amidon de marrons d'Inde, avec les acides minéraux.

Je me suis d'abord assuré que le simple lavage dans l'eau, et dans l'esprit-de-vin, ne le dégraisse pas. J'ai mis un peu de cet amidon dans une fiole avec beaucoup d'eau, et l'ai laissé en infusion pendant deux fois vingt-quatre heures : au bout de ce temps j'ai filtré la liqueur; l'amidon, rassemblé et séché, s'est trouvé tout aussi gras qu'il l'étoit auparavant.

J'ai répété cette expérience avec de l'esprit-de-vin très-rectifié, qui ne l'a pas mieux dégraissé. Nous allons voir que les acides et les alkalis opèrent cet effet de la manière la plus complette.

J'ai mis dans trois fioles, de l'amidon gras de marrons d'Inde, devenu fort rance : j'ai ajouté de l'eau dans chacune pour délayer la poudre ; dans le premier mélange, j'ai versé de l'acide vitriolique foible, mais très-pur ; dans le second, de l'acide nîtreux ordinaire, et dans le troisième, de l'acide marin très-pur. Je n'ai mis dans chaque fiole qu'autant d'acide qu'il en a fallu pour les aciduler : l'amidon est devenu plus blanc : le lendemain, j'ai filtré séparément ces trois mélanges ; j'ai passé beaucoup d'eau sur les filtres, pour emporter tout l'acide ; j'ai fait sécher ces amidons séparément : quoique les acides fussent très-affoiblis, ils ont néanmoins dissous quelques atômes d'amidon : de l'alkali versé dans ces liqueurs, les a fait louchir légèrement.

J'ai vu, avec plaisir, que l'amidon, dans ces trois expériences, avoit perdu toute son huile, qu'il avoit conservé sa blancheur, qu'il étoit devenu sec, et qu'il formoit une poudre fine voltigeante, comme la meilleure poudre à poudrer. Ainsi, voilà déjà trois moyens d'enlever à l'amidon de marrons d'Inde son huile surabondante, qui empêchoit qu'on ne pût en faire de la poudre à poudrer.

Des trois acides minéraux, je donnerois la préférence à l'acide marin; il est plus facile de l'avoir propre à ces opérations, que l'acide vitriolique du commerce, qui contient toujours du fer, du plomb, du souffre, etc. L'acide nîtreux doit être encore rejeté, parce qu'il a une telle action sur la matière animale, qu'il développe sur-le-champ une couleur citrine; il pourroit arriver qu'en retirant l'amidon, on enlevât en même temps un peu de parenchyme, ce qui seroit indifférent pour l'objet de la poudre à poudrer; mais l'amidon s'empare de la couleur développée par l'acide nîtreux; les lavages subséquents ne l'emportent pas.

Amidon de marrons d'Inde, avec les alkalis fixes.

L'ALKALI fixe ordinaire, délayé, ou concentré, n'a aucune action sur l'amidon de marrons d'Inde; il n'en dissout pas la plus légère portion : mais il s'empare avec la plus grande facilité de l'huile surabondante à cet amidon, sans lui communiquer aucun inconvénient.

J'ai mis dans un mortier de marbre, un peu d'amidon gras de marrons d'Inde ; j'ai ajouté le double de son poids d'alkali très-pur en liqueur, donnant quarante-cinq dégrés à mon pèse-liqueur des sels : ce mélange a formé une bouillie claire ; le lendemain, je l'ai étendu dans un peu d'eau, il ne s'est point fait de dissolution ; je l'ai filtré, je l'ai lavé avec beaucoup d'eau, et l'ai fait sécher ; j'ai saturé la liqueur filtrée avec de l'acide marin, qui n'a point troublé la liqueur : ainsi, l'alkali fixe ordinaire n'a aucune action sur l'amidon. Mais cet amidon séché, comme nous venons de le dire, n'étoit plus gras, il étoit parfaitement blanc, sec, et formant une poudre voltigeante, comme la meilleure poudre à poudrer.

J'ai employé, dans cette expérience une très-grande quantité d'alkali respectivement à celle de l'amidon, parce que je voulois connoître s'il avoit quelque action sur la substance même de l'amidon. Mais il s'en faut beaucoup qu'il en faille une aussi grande quantité, pour lui enlever son huile surabondante.

J'ai mis dans une fiole quatre gros d'amidon gras, et quatre onces d'eau de rivière ;

dans ce mélange j'ai ajouté quelques gouttes du même alkali en liqueur ; au bout de quelques heures d'infusion, j'ai filtré ce mélange ; j'ai lavé l'amidon resté sur le filtre et l'ai fait sécher ; il s'est trouvé être parfaitement dégraissé, et formant une poudre voltigeante et de la plus grande blancheur. Si l'amidon eût contenu quelques atômes de matière animale, l'alkali auroit développé quelque couleur, proportionnellement à la quantité qu'il s'en seroit trouvé. Ainsi, c'est un quatrième moyen d'enlever à cette espèce d'amidon son huile surabondante ; il n'est ni coûteux ni embarrassant. Il est donc possible de faire de très-belle poudre à poudrer avec les marrons d'Inde.

L'alkali caustique, ou la lessive des savonniers, a, comme nous l'avons dit, beaucoup d'action sur la farine de marrons d'Inde ; cette action paroît être directe sur l'amidon contenu dans la farine ; elle est plus forte et plus marquée sur l'amidon pur ; il le dissout dans un instant, et le réduit en une gelée transparente et élastique.

J'ai mêlé, dans un mortier de marbre, deux gros d'amidon de marrons d'Inde, et quatre gros de lessive des savonniers à trente-huit dégrés à mon pèse-liqueur des sels ; l'amidon s'est d'abord délayé ; mais en moins de deux minutes, le mélange est devenu dur et s'est réduit en poudre : j'ai ajouté un peu d'eau, le tout a formé sur-le-champ une belle gelée transparente, très-élastique, d'une légère couleur de paille ; l'alkali a perdu une partie de sa causticité : cette matière séche difficilement à l'air ; l'alkali a effleuri à la surface, et y a formé une croûte saline.

J'ai fait dissoudre une partie de cette gelée dans de l'eau froide, elle a été plus de trente-six heures à se dissoudre ; la dissolution est trouble, blanche comme du petit-lait mal clarifié ; elle mousse légèrement par l'agitation ; la mousse ne tient qu'un instant. Dans l'espace de quelques jours l'amidon s'est précipité en partie, mais sous une couleur sale, légèrement jaunâtre. J'ai filtré cette liqueur ponr rassembler l'amidon ; il a formé un corps élastique comme de la mie-de-pain tendre ; je l'ai fait sécher, je l'ai réduit en poudre, je l'ai fait cuire avec de l'eau. Il étoit tellement altéré qu'il n'a formé qu'une mauvaise colle sans consistance gélatineuse, semblable à de la colle devenue liquide par vétusté, mais sans mauvaise odeur.

J'ai saturé la liqueur filtrée avec de l'acide marin, il n'y a point eu d'effervescence, parce qu'elle est chargée d'alkali caustique ; elle ne s'est point éclaircie et n'a point formé de dépôt dans l'espace de quatre jours : l'amidon qu'elle contient, est encore dans un plus grand état d'altération, que celui qui s'est précipité.

J'ai répété ces dernières expériences avec de l'alkali caustique, sur de bel amidon de pommes-de-terre ; j'ai eu absolument les mêmes résultats, avec cette différence, que la gelée que l'amidon a formée étoit infiniment plus blanche ; elle est aussi difficile à se sécher et à se dissoudre dans l'eau, etc.

Sur les Coques de Marrons d'Inde.

J'AUROIS desiré faire, avec les coques de marrons-d'Inde, les expériences que je m'étois proposées relativement à la teinture en noir et à la tannerie : je les ferai si les circonstances me le permettent ; le peu que j'en ai fait me laisse entrevoir qu'elles peuvent être utiles à ces deux arts, et qu'elles peuvent être employées dans la teinture en noir, en concurrence avec l'écorce de chêne, qui remplace aujourd'hui la noix de galle de la manière la plus avantageuse. Je vais rapporter néanmoins le peu d'expériences que j'ai faites sur ces coques.

Les coques de marrons-d'Inde, comme la noix de galle et l'écorce de chêne, fournissent dans l'eau une substance acide astringente, qui a des propriétés communes avec les deux autres substances; l'infusion ou la décoction de ces coques, rougissent de même le papier bleu et la teinture de tournesol, précipitent en noir le fer du vitriol de mars; le précipité lavé et séché, est d'un beau noir, comme celui fait par l'infusion d'écorce de chêne; au lieu que celui fait par l'infusion de noix de galle, est bleu lorsqu'on l'écrase.

Les coques de marrons contiennent un principe résineux qui est assez abondant; cinq décoctions successives n'ont pas suffi, à beaucoup près, pour épuiser ces coques, ni de leur matière acide astringente, ni de leur résine; la dernière décoction précipitoit le vitriol de mars aussi facilement que la première. Le marc séché et mis dans de l'esprit-de-vin, a fourni une teinture ambrée fort chargée. Ces premières expérien-

ces

ces indiquent que cette substance vaut la peine d'être examinée d'une manière plus étendue.

Sur le Gland de Chêne.

Le gland de chêne commun méritoit la peine d'être examiné comme le marron d'Inde ; il est fort abondant ; un plus grand nombre d'animaux le mangent avec plaisir et s'en nourrissent ; dans les pays de chasse, il étoit ci-devant défendu de le ramasser : on vouloit qu'il restât pour la nourriture du gibier. Le gland est infiniment moins amer que le marron d'Inde ; son amertume est presque supportable ; elle est accompagnée d'une astriction assez forte, qui empêche qu'on puisse en faire usage comme aliment : sa chair est assez blanche ; elle a un petit ton jaunâtre. Toute la manière d'être de ce fruit me faisoit espérer, qu'au moyen de quelques préparations, il seroit possible d'en faire, dans les temps de disette, une nourriture saine, comme j'y suis parvenu pour les marrons d'Inde.

Mais j'ai été trompé dans mon attente : je n'ai obtenu de ce fruit, qu'un amidon gris - jaunâtre, sans amertume à la vérité, mais ayant la saveur d'une décoction de bois de chêne. Les mauvaises dispositions sous lesquelles ce fruit s'est présenté dans mes expériences, m'ont empêché de l'examiner d'une manière aussi étendue, que je l'ai fait à l'égard des marrons d'Inde. Néanmoins je vais rapporter le peu d'expériences que j'ai faites.

Le gland de chêne récent présente une amande toute farineuse, d'un assez beau blanc, quoiqu'un peu jaunâtre; sa cassure est lisse, pleine comme la substance du marron-d'Inde, et ne se laisse pas mieux pénétrer par l'eau et par l'esprit-de-vin. Les glands sont fort sujets à s'altérer en séjournant sur la terre sous les feuilles humides; les uns brunissent plus ou moins, d'autres sous la même couleur, sont marbrés et piquetés de beaucoup de petits points blancs: en général ce fruit paroît fort sujet à se pourrir aisément.

J'ai pilé dans un mortier de marbre, avec un pilon de bois, huit onces de glands de chêne bien sains, un peu desséchés et séparés de leurs coques; ils ont formé une poudre humide, rouge-jaunâtre, comme de l'ocre de cette couleur. Je les ai broyés de suite avec de l'eau sur une pierre dure avec un rouleau de bois ; j'ai délayé la poudre dans de l'eau, la poudre n'a point changé de couleur : après quelques instans de repos, j'ai décanté l'eau, tandis qu'elle étoit encore trouble, sur un filtre de papier ; l'eau a passé d'une couleur ambrée et de la saveur d'une infusion de bois de chêne : j'ai lavé la matière restée sur le filtre, jusqu'à ce que l'eau sortît claire et sans saveur ; je l'ai fait sécher : elle est de l'amidon de gland.

Cet amidon humide est d'une couleur jaune-sale comme de l'ocre jaune-pâle ; il perd de sa couleur en séchant, et devient comme celle de la noix de galle blanche en poudre ; il est sans amertume ; sa saveur est celle de la sciure de bois de chêne. Cette matière est bien véritablement dans l'état d'amidon ; elle en a les propriétés : cuite avec de l'eau, elle forme, comme les autres amidons, une colle d'une bonne consistance ; mais elle est d'une couleur rousse très-rembrunie, et conserve toujours le goût du bois de chêne.

Ni l'eau, ni l'esprit-de-vin, ne tirent aucune teinture de cet amidon sec et en poudre.

Le gland pilé fournit dans l'esprit-de-vin une teinture orangée très-foncée : la substance du gland conserve la couleur jaunâtre qu'elle a prise par le contact de l'air en la pilant. La teinture est de nature gommo-résineuse ; elle se trouble légèrement lorsqu'on la mêle avec l'eau. Si le gland est coupé par tranches au lieu d'être pilé, l'esprit-de-vin n'en tire qu'une teinture d'une légère couleur de feuille morte ; ce qui nous prouve que la substance du gland ne se laisse pas mieux pénétrer, que celle du marron-d'Inde, par les agens qu'on lui présente.

J'ai fait cuire des glands sous des cendres chaudes ; cette cuisson leur a fait perdre toute leur amertume et leur astriction.

J'en ai fait cuire aussi dans de l'eau ; ils se sont gonflés considérablement, et sont devenus sans consistance. Dans cet état, ils se délayent avec la plus grande facilité ; ils conservent leur amertume et leur astriction; ils acquièrent un goût de châtaigne, qui fait trouver moins désagréable les deux premières saveurs.

FIN.

www.ingramcontent.com/pod-product-compliance
Ingram Content Group UK Ltd.
Pitfield, Milton Keynes, MK11 3LW, UK
UKHW020932180726
13838UKWH00002B/904